村人が技術を受け入れるとき

―伝統的農業から水稲栽培農業への発展―

西村美彦

創成社新書

47

はじめに

「開発途上国の農業と農村開発について」の課題で書こうと考えたのは、今までに著者が技術協力に携わり、開発途上国の農業・農村開発協力の現場を40年あまり経験してきたことから得られた考えをまとめようとの思いからである。東南アジアの農村開発活動を通して見た農民、農村の変化は、我々に多くの示唆を与えてくれる。したがって、本書は、著者が実施してきた技術協力活動についてまとめたものと言ってよい。本書の基となったのは、現在「国際協力機構（ＪＩＣＡ）」となっているが、以前の「海外技術協力事業団（ＯＴＣＡ）」、「国際協力事業団（ＪＩＣＡ）」が開発途上国の技術協力を担う時に掲げた「技術移転」である。技術協力の意図するところは、日本が与えた技術が開発途上国に根付いて現地で活用され、現地の人々の生活を潤すことができることである。これは日本の技術が移転されるという行為が、相手国の発展を促進することを意味している。しかしながら農業を通しての農村開発は、そう短期間には効果を発揮するものではない。

現在の国際開発分野では「技術移転」という言葉は古いと捉えられている。やはり40年も経つと、言葉のもつ意味は変わるものである。「技術移転」とは、技術の有るところから無いところへと「移転される」、あるいは「移転する」ことである。この言葉が国際開発協力の分野で主流であった時期には、日本のもっている技術をいかに開発途上国に移転させるかがプロジェクトの中心であった。1960～1980年代までは「技術移転とはなにか」ということが関係者間で大いに議論された。また、これに関する多くの書籍も出版され、「技術移転論」「土着からの技術移転」などがあった。その中でも平井伸介氏の「技術移転考」は、当時の推薦書として挙げられていた。

しかしながら、1990年代に入り、単に技術を移転するだけでなく、「受け入れ側が技術を使い、持続した活動ができるまでをプロジェクトが求めなければならない」という論法に変わっていった。そこでプロジェクトの継続性を目的とした「持続型開発」、受益者が積極的に活動に参加する「参加型開発」、単なるモノづくりでなく、管理能力・ヒトづくりを目的とする「ハードからソフトへ」の言葉が飛び交うようになり、プロジェクトの効果・効率性が求められるようになった。効果とは、与えられたモノが現地で持続的に活用されることである。そのためには現地に適合したもの、あるいは必要とするものを援助しなければならないし、開発を始める最初の計画から、現地の人が参加してプロジェクトを進めていかなければならないという方式ができ上がった。いわゆる参加型手法である。また、与えるだけでなく、現地の人が自ら考えて実施していく力をつけなければ持続性につながらない、いわゆる「エンパワーメント」を求めた技術協力に焦点があてられるようになった。当初は「技術移転」とは、有るところから無いところに与える、援助側の一方的な考えによるトップダウンの方式であった。しかし現在では、開発手法は現地で人々と共に開発を考え、開発に参加する力をつけさせ、あるいは開発における必要性の「気づき」の機会を与えることである、という考え方が主流になったのである。したがって、「技術移転」という言葉は、国際開発協力の中では死語になりつつある。

しかしながら、果たしてそれだけでよいのであろうか。どうも著者の感じるところでは「はやり」という現象にしか見えない。とくに新しい概念が外部から注入されると、それを食べないと時代に遅れるという感覚に陥っているのではないだろうか。外部とは、世界銀行、国連開発計画や欧米の大学の研究者が使っている言葉である。これがすべてではないであろうと考える。開発現場で求められることは単純であるので、抽象化し過ぎていることで、開発現場と行政・研究者とのギャップが大きくなっているように感じられる。

本書は、開発途上国におけるＯＤＡで実施した農業技術協力を通して、技術移転とはどのようなものであるのかを、農業・農村分野から再考した。中でもインドネシアの農業・農村開発プロジェクトにおける水稲栽培の導入を、技術移転の事例として取り上げた。技術協力の歴史、農業発展のプロセス、プロジェクト形成の背景、実施の内容、そして効果について、一連の流れに沿って述べていくことにした。とくに伝統的農業から水田耕作に至る過程での農民行動を、農村の社会経済的条件から分析し、プロジェクトにおける技術移転の条件について考えてみた。したがって、大きな目で見れば、技術移転の最終目標はどこかという点に行きつくものと考える。このように本書は、実際に著者が農村開発現場で経験してきた技術移転について論考したものである。

本書で事例として挙げるプロジェクトは、１９９０年代にインドネシアの東部地区に位置する南東スラウェシ州で実施された国際協力事業団（ＪＩＣＡ）の協力による農業・農村開発プロジェクトであり、ちょうど開発協力のパラダイムシフトが図られていたときでもあった。つまり、技術移転という概念から、自立発展という概念に変わったときである。

技術移転の成果を考える場合、公的にはプロジェクトで得られた結果は、評価としてプロジェクト終了時に実施されている。しかし、この評価では真のインパクトや持続性が判断しにくいことや、時間が経たなければ判明しないこともある。プロジェクト実施から20年以上の年月が過ぎ、果たしてプロジェクトで実施したことがどこまで農民に根付いているかを見る機会をもった。これを調べてみると、当然ながら、当時予想していたことがそのまま継続されている場合と、まったく受け入れられていないものとの違いが出ていた。とくにプロジェクトの期待と異なるのは、最初に受け入れられても長期の視点では継続できていない場合がある。実施中には我々が「当然」この技術が引き継がれるであろうと期待していても、往々にして村人に受け入れられず、予想していたことと異なる結果を得たケースもある。つまり、政府開発援助（ＯＤＡ）の農村開発として掲げた計画では、この援助側の「当然」が村人に把握されていない。「当然」に援助側と農民の間にギャップがあるといえる。

これらの経験を踏まえて、どのような技術協力が必要なのかを改めて考えてみる。また、農業・農村開発をどのように計画し、運営すればよいのか再考する材料になればと考える。外部の力が入ったことで村がどのようなインパクトを得たのか、また農民にどのようなインパクトを与えたのかを見ることにした。さらに、農民が技術を得るという行動の条件から考えたプロジェクトの形成を考えてみたい。またそれを、技術移転という古いパラダイムで実施した行動や、現在忘れられている開発の地道な考え方などと比較してみることにした。当たり前のことであるが、プロジェクト活動を実施した結果がどのようになったかを見ることは、多くのプロジェクト運営に有益な教示を含んでいる。

そこで本書では、農業技術協力の実績のある水稲栽培技術の移転について、水稲栽培を営むアジアの農村発展を多面的に捉えることにしたい。水稲栽培技術とはどのようなものか、そして単に農学的な栽培技術ではなく、農民が水稲を栽培する体制、あるいは水稲栽培をする農村の発展について考えてみたい。そのためには、伝統的農業から近代農業への移行として扱われる水稲栽培の、農村社会での定着が、水稲栽培の持続性を可能とすると考える。したがって、本書では技術、社会、体制（組織と農民）について、どのように移り変わっていくかを紹介し、さらに技術と農民、そして農村社会を見てきた結果を述べる。これによって開発途上国の農民、農村に対する技術移転の有効性を考えることができるからである。

本書からの技術協力に対する提言は、以下の通りである。

＊技術協力プロジェクトは、日本独自の合理性をもつ日本のODA実施方法としての特徴をもつ。それは技術協力が人との交流から成っている、異文化社会との交流でもある。
＊プロジェクトは幅広い要素を取り入れる必要があり、技術の発展と歴史的な過程を考えて、現状を確認しながら、効果的、効率的、持続的な発展の方法を考える。
＊外部の行動がすべてマイナス要素ということではなく、気づきから一歩出た機会を作ることに貢献すべきである。機会とは、現状に合った発展の可能性を示唆するものである。この場合、社会が求めるものであれば、より確実的な技術移転が可能となる。
＊技術移転は単なる技術の紹介ではない。技術が持続して使われることであり、この条件づくりが大切である。このためには交流があり、適応性が求められる。
＊それではどのような調査をしなければならないのか。技術を受け入れる社会状況分析、あるいは社会から技術を見る必要がある。

本書の構成として、第一部で農業発展過程からみた農業開発について一般的な考えから述べた。そして、日本の技術協力で実施されてきた農業・農村開発プロジェクトとは何であるかを述べて、それぞれの時代におけるプロジェクト協力の実績を整理した。

第二部では、技術協力プロジェクトの運営の経験を、インドネシアの南東スラウェシ州のプロジェクト事例から、プロジェクトはどうあるべきか、何をどこまで調べる必要があるのかを実践した事例から述べた。とくに資料の少ない先住民のトラキ族については、現地からの聞き取りを中心に先住民社会の歴史、仕組みなどをまとめ、プロジェクト運営にどのように反映させるかを考えた。そして、インドネシアの農業・農村開発の運営について整理した。

そして、第三部においては、インドネシア南東スラウェシ州農業農村開発プロジェクトの結果から得られた成果について、分析を行った。この分析では、技術移転がどう作用したのか、農民に技術移転ができる可能性を考えた。そして、「村人が技術を受け入れるとき」の具体例を南東スラウェシ州のプロジェクトに求め、その実態と評価をまとめたものである。

目次

はじめに

第一部　農業発展と技術協力

第1章　技術協力の前提としての農業発展の考え方――1

第2章　農業発展史と農業開発――8
自然の恵みと狩猟・採集生活／焼畑で行われるプリミティブ農業（原始形）／焼畑農業から定着農業へ／天水農業から灌漑農業へ／灌漑農業の発達／小規模農業からエステート農業へ／増産を求めた「緑の革命」とは／地域おこしとエコツーリズム

第3章　農業生産と技術の歴史的背景――22
農業革命における技術とは／商品化と輸出型大農方式／戦後の食料自給を目指

した食料増産としての「緑の革命」／「農業革命」と「緑の革命」からみた技術の特徴比較／「緑の革命」の技術の特徴と国際協力

第4章　日本の技術協力による農業・農村開発プロジェクト――32
第二次世界大戦後の日本の、海外に対する技術協力は稲作栽培技術から／日本のODAによる開発途上国の農業・農村開発について

第二部　インドネシア農村における農業技術協力の現場から

第5章　JICA「農業農村総合開発計画プロジェクト」からの経験――41
農業開発の成功は／技術移転における参加型農業、農村開発のメカニズム（南東スラウェシのケース）／どのような経緯でプロジェクトが形成されたか／開発、援助手法の参加型開発とは／村の組織の現況／村開発のリーダーとは／村の構成メンバーの違いによる開発の相違／プロジェクト実施における参加型開発と持続性（sustainability）のための工夫／プロジェクト持続性に農業発展過程を考慮する必要性／対象村の開発事例から農村開発を考える／水稲栽培の現状の調査／水稲栽培における技術とは／ラノメト村における水稲の生産技術の現状／ラノメト村の1990年代開発当時の実情／村の地理条件と自然条件と

農業／農民組織の状況／水稲栽培と生産性／農民グループと水稲栽培／水稲の収量と技術移転／水田開発と村の変容

第6章　南東スラウェシ州における伝統的農業と農村を知る――120
南東スラウェシ州の村の現況と農業を知る／現地の適切な現状把握の必要性／焼畑農業とサゴヤシについて／サゴヤシ農民の生活状況と奥地の伝統的トラキ族の村状況

第7章　トラキ族の伝統的社会――147
トラキ族の伝統的社会的構造／ラノメト村のトラキ族／パランガ村周辺の歴史／パランガ村における歴史／トラキ族のシンボル〝カロ〟（kalo）／プロジェクト開始時のトラキ族の村々／人類学的、社会的調査は必要か

第三部　村人が技術を受け入れるとき

第8章　新しい農業としての水稲栽培――169
トラキ族の社会にいつ水稲栽培が入ったか／サゴヤシ農業から水田耕作への移行の条件／サゴヤシにかける期待／農民の新しい作物の導入／トラキ族の社会

に水田が入る時の条件と社会構造変化

第9章　水田が持続している村、していない村――178

プロジェクトは終了したが、そのあとは／伝統的農民トラキ族が水田技術を受け入れるとき／サブラコア村の場合、どうして水稲栽培が定着しなかったか／農業技術の発展には、移住民が大きな影響を与える（キヤエヤ村の場合）／伝統的農民のラロバオ村における水田耕作の受け入れの場合／3村から、水稲栽培の現地適応性を考える／水稲栽培を導入した場合の村の反応／水稲栽培とサゴヤシ農業はどうなるのか

第10章　農業・農村開発を技術移転から考えること――214

農民にとって技術開発とは／今後の技術移転と技術協力の課題／本書からのメッセージ／開発の考え方

おわりにあたって　227

主要参考文献　235

第一部　農業発展と技術協力

第1章　技術協力の前提としての農業発展の考え方

人類が誕生して、食料を自分たちの手で作ることから農業は始まった。農業は、作物を栽培する、動物を肥育するなど、自然の生き物を人間の消費のために作り上げていった姿である。より多くの生産を、より消費に適したものとして生産するために、技術が工夫され開発された。世界人口は２０１１年で70億人に達し、やがて１００億人に達するであろうとする現在、人類の食料をどこまで確保できるかという課題は、限られた地球上では集約的食料生産に対応する技術の開発によってしか解決できない。このようなマクロの視点での生産システムに対して、農民がどのように対応してきたのか。また、とくに技術の習得というミクロの視点で、農民がどのように対応してきたのかを、開発途上国のＯＤＡによる技術移転案件といわれる農業開発協力プロジェクトから考えてみる。

戦後、日本は農村開発協力として、開発途上国に技術援助を実施してきた。これは、近代的技術を農民に移転することで増収を図ることを目的としていた。少なからずこの援助は実を結び、多くのアジア諸国では近代技術を受け入れてコメ生産の増収を得ている。しかしながら、この事象は、近代技術を農民が受け入れるだけという単純な作業であるのであろうか。開発という枠組みにおける農村での1つの行動と捉え、農民や住民がどのように外部の条件を受け入れるのかを検証していきたい。人類の歴史から見れば、戦後の半世紀はほんの一瞬であるが、この半世紀ほど経済や物流、人が激しく動いたことはない。この点からも、新しい社会での人間の行動がいかなるものかを確かめるために、本書は開発現場からの事例を取り上げ、農村社会の変容を見ることにしたい。

また、本書の執筆にあたり、論旨の組立ての迷いを解く1つのきっかけがあった。それは、First Farmers : The Origins of Agricultural Societies by Peter Bellwood『農耕起源の人類史』の日本語翻訳出版記念シンポジウムが、２００８年6月23日に京都大学で開催されたことである。

この作者ピーター・ベルウッドは考古学者で、人類学・言語学・遺伝学の実績を導入して、ある地域で農耕が開始され、これが人間によって各地に伝播して行ったという考古学的説を示している。つまり「初期農耕の拡散が言葉を伴うものであった」という仮説のもとで、世界中の農耕の広がりを各地の言語との関係で考察したものである。もし中尾佐助の『農耕文化』が英訳されていれば、その書籍の重要な参考文献になっていたであろうとの意見が出された。その意味から、両書の中心となる作物伝播の世界地図は類似性がある。一点重要な違いは、『農耕文化』の書にある根栽農耕文化がこの本では触れられていないことである。つまり考古学者にとっては遺物がなければ、説明ができないという点で、東南アジア、ニューギニアの主要作物となるバナナ・イモ類を利用している人間の行動が見えにくいことから、このようなことになったのであろう。この話が奇しくも本書の執筆にあたって、題材設定のきっかけを作ってくれることになった。本書では、バナナ・イモに加え、サゴヤシについても考える。

筆者は、考古学者でも文化人類学者でもない。農学者として今までに農業技術の普及、農業・農村開発の現場に携わってきた農業開発実践主義者である。しかも、新しい技術を現地に定着させるにはどうしたらよいかを考えている。そして、現地に現条件で一番適した栽培は伝統的農業であり、この根本的要素は何であるかをまず見極めなければならないと常に考えている。そのためには、栽培または技術の発展形態を知り、現在はどの段階であるのかを把握しなければならない。やみくもに単に技術を植えつけるというのでは、長期的な視点、持続的視点での技術移転はできない。したがって、開発の出発点は、ここではどのような農業が営まれているのだろうかと現場をさぐることである。そして、本当に現状より適した技術があるのだろうかということを考える機会を作り出してくれる。現場ではまさに総合力が必要となるのである。そのためにも人類学から見た開発が必要であり、この観点から研究を行っている人も少なからずいる。筆者は、農学から人文社会・人類学を見ることで開発という接点を広げたいと考えている。

本書は、ODAによる農業開発の技術協力に携わってきた経験をもとに、開発途上国の農業と農村の開発について、開発現場で村人あるいはカウンターパートといわれている専門家と一緒に仕事を行うプロジェクトの現地スタッフと、新しい農業の導入を行ってきた経験をまとめた。筆者は農村開発現場では外部者であり、協力者であるという立場は古くても新しくても技術協力の中では変わらない。しかしながら、どれだけ現地に溶け込めるか、むろん現地人になるということではないが、お互いが理解し合える状態になればよいのである。また、外部者としての重要な役割もある。開発は内部者だけではできないし、時には外部者の行動がきっかけとなり動き出すこともある。この時の外部者の役割が、強制させるものであるのか、自発を促進させるものであるのかの違いはあるが、インパクトを与えるという行動は同じである。この過程で、村人との交流が培われるのである。

まず、外部者が現地の農業の現状を知るためには、農耕が始まって発展している過程における歴史的時間軸における農耕形態の現状、位置を明確にする必要がある。また、同時に地理的地域条件となる面としての条件を明らかにし、この位置を明確にする必要がある。現況の農業は発展の時間軸と地理的地域としての面との接点にあることになる。

この考え方を技術協力に応用する必要がある。つまり、技術を移転する地域・地点におけるインパクトは、導入する技術が農業の発展段階のどの時点でのものであるのかという時間軸からの発展形態と、導入する地域の社会文化的条件の広がりをみせる面の位置における交差点（マッチング）での反応である。そして、技術を移転するもの（インパクト）が、地域に受け入れられて広がりを見せる面の展開条件は、その時点における発展段階の時間的経過の時間軸に適合しているかという関係を理解しておかなければならない。

農業発展には歴史的な経緯があり、地域発展の過程そのものでもある。現在、開発のグローバル化が進む中で、農村も大きく変わろうとしている。とくに熱帯における農業は、将来の食料、資材、エネルギー原料の供給源として、人間にとってますます重要性を帯びるはずである。中でも、バイオ燃料としての資源は、昨今化石燃料に変わるエネルギーとして重視され、いわゆるバイオ・エネルギーとして扱われている。一方で貧困から脱し得ず、孤立していく農村地域もある。現在の熱帯における農業が活性化されていくための行動について、インドネシアを中心に、東南アジアの発展の様子を体験から紹介することにした。

また、農業の発展とはどのようなものであるかを考えてみることにする。農村という農業生産社会が、どのように発展していくのかということでもある。農業発展は工業発展と関係はするが、同じ発展を示すものではない。強いて言えば、自然を相手にした生産工程をもつことであり、人工的に作られた工業生産工程とは大いに異なる。したがってこれに携わる農民が新しい手法を取り入れるということは、生物をコントロールする手法であり、生物の独自の生長を助長する間接的生産手段でもある。従来の生産過程を変化させることは、自然条件も含め、多くの条件を考慮しなければならない。生産環境を幅広く、深く知ることで、生産過程の効率化が図られるのである。農業の生産過程は村という場の中にあり、どのような生産要素があるかを見ていかなければならない。人工物の導入が少なければ少ないほど、より自然の影響力を受けると同時に、自然を利用した農業形態となる。このような条件を考えて、技術移転の話を進めていくことにする。

第2章　農業発展史と農業開発

農業とは、人類が作物の栽培と家畜の飼育を行ったことから始まったといえる。中でも作物栽培については、植物を作物として生産する体制を意味し、植物を馴化という栽培環境にならすことから始まった。栽培作物として位置づけられるようになったのは、諸説はあるものの1万5千年から1万年くらい前からであろうといわれている。アジアの主食であるコメは、水稲栽培としての起源は三日月弧地域からのものと、ヒマラヤ・雲南地域からのものと2カ所からであろうとされている。この地域で栽培植物として人間が利用する形式ができ上がったものと考えられ、これが世界中に広がっていったという説がある。これらの諸説は中尾佐助、佐々木高明らから発され、いまも受け継がれている考え方である。また、台湾を基点として広がりを見せたという説も出てきた。しかしながら本書では、作物栽培を通しての農業・農村開発という観点から、現在に至る農業を概略的に捉え、アジア型農業の発達はどのようなものであるかを農業開発の視点で考えてみる。

自然の恵みと狩猟・採集生活

人類が誕生してから、狩猟・採集の生活を通して作物栽培、飼育、肥育が始まったとみることができる。人類初期の食料確保の手段としては、狩猟・採集生活が行われていたのであろう。この生活においては、自然とのバランスをもとに人間の食料が確保されることになる。居住・生活地域の人口増加に伴い、自然の恵みが人口を包容しきれなくなるときに、人の移動や作物栽培が起こる。むろん、領地争いは部族間の闘争の根源となり、縄張り争いは生活圏の確保であり、食料の安全を確保することである。この現象から見ると、他の動物とまったく同様の行動である。森の恵みが多いほど生活は豊かであり、ほかの社会から離れた独自の生活が成り立つことになる。また、狩猟・採集のほか、小規模栽培として庭先規模の栽培が行われた。このように、自然豊かな熱帯アジアでは多くの少数民族が、森での狩猟や自然からの食料採集で自給生活を営んでいた。また、東南アジア、ニューギニアでは狩猟・採集生活が一般的であるが、これには簡単な作物栽培も伴っている。例えば男性は森に狩りに出かけ、女性は庭で野菜、イモ等の栽培を行う形態ができあがっ

写真2－1　サトウヤシの花柄からの樹液の採集

写真2－2　サトウヤシから取った樹液を煮詰めて赤砂糖にする。

ていた。また、森からの採集物として、木の実、山菜、ハチミツなどを手に入れる。しかしもっと重要なものに、サトウヤシから取れる赤砂糖がある（写真2―1、2―2参照）。同様に、湿地に自生するサゴヤシからはデンプンが取れる。このように、人口が少ない場合は自然の恵みを十分に得ることができる。

焼畑で行われるプリミティブ農業（原始形）

東南アジアの熱帯モンスーン地帯では焼畑農業が最初の栽培形態であると考えられる。焼畑農業は現在、森林環境保全の視点から多くの地域で禁止されているが、依然、山岳地帯の奥地では行われている。焼畑農業は、英語では shifting agriculture、または slush and burn agriculture と呼ばれている。英語の意味の通り、森林を切り開き、伐採木を焼いて耕地を作り、農業を行うことである。そしてこの農業では、10年以上のサイクルでの耕作地移動を伴うものである。焼畑は家族単位で行う場合もあるが、グループ集団で行う場合が多く、規模的には家族規模より大きくなる。

インドネシアのカリマンタン島で焼畑を行っている地域では、このシステムを持続させるために、コミュニティの中に一定のルールをもつ。焼畑の管理は、木の大きさによって決めている。資源管理の1つの方法である。このような生活の中で、最近、山奥から平地部に移動してくることが多く、その理由は子供の学校の問題である。また、水田耕作については技術を知らないので不安があること、森からの資源を利用することで現状の生活に満足できることなどの理由から、あえて水田耕作という新しい技術には移行していないのである。しかしながら森林利用の条件が満たされないときに、他の農業を見つける必要が起きる。耕作地の移動が困難であるとなれば、おのずと定着した生産活動とならざるをえない。

焼畑農業から定着農業へ

焼畑の耕作規模が大きくなり、ローテーションを行うための森林規模が限られる場合には、森林の崩壊につながっていく事例は多くみられる。森林破壊のリスクを解決するために、耕地を固定して農地化する必要があった。いわゆる常畑化で、これが定着農業でもある。定着農業を行うためには、次のような技術的条件が必要となる。まず生産要因となる土地の肥沃性であり、そして病虫害の防除である。この条件を満たすことで農業生産が可能となり、この条件を確保する手法が栽培技術となったのである。栽培としての条件はいまだに変わっておらず、近代農業技術の基本でもある。作物が養分を吸収できる条件を作ることと、外部からの障害を取り除く行為の効率性を求めて技術の向上が図られている。

技術的条件と同様に、技術を受け入れる農民の条件が重要となってくる。個々の農民の能力と同様に、組織、社会がどのように対応するかが重要となる。とくに道具・肥料・農薬などの資材を使うことになればなるほど、この要素が複雑化し、多くの組み合わせができ、そしてどのような方式でもって組織・社会に取り入れるかという点にまで及ぶ。定着農業は、焼畑という原始的な技術から発展させて、資材を投入、利用することで持続性をもたせた農耕技術へと移すことでもある。

今まで焼き畑で耕地を移動してきた農法から、定着した農業へと移行する場合においても、栽培を行う場合は作付けをローテーションさせる。地域によっては休耕として、数年間栽培を行わないで放置する。そして、栽培をするときには、まだ樹木は大きくなっておらず、雑草地や低灌木地となっており、ここの植物を刈り払い、焼いて畑地を整備する。したがって、焼畑ではないが雑草を焼いて耕地としている。この場合、農家は耕地を数等分して順に栽培を行っており、畑としての区分ができる。また、水田は水を張ることで、恒久的に耕作を行うことができる。筆者の聞き取りで、北インドでは同一圃場で降雨が多ければ水稲を栽培し、少ない場合はシコクビエを栽培するというように、その年の降雨状況に応じて作物を選んでいる場合もある。

天水農業から灌漑農業へ

農業の定着化が行われる場合の初期の栽培は、降雨依存の天水農業が一般的である。熱帯地域の栽培時期は、普通、雨期である。日本の場合は、降雨条件よりは温度、日長の要素で栽培時期が決まる。穀類のコメやアワ・ヒエなどは夏作として栽培され、麦類は冬作として栽培される。しかし熱帯は最低温度月の年平均温度が18℃以上の地域であることから、低温に対する条件よりは高温条件、降水量の方が栽培を左右する。また、降雨条件だけでなく土壌条件によることもある。例えば、畑作地帯で粘土が多く含まれているバーティソル土（黒色反転土壌）では、粘度が強く雨期に土壌が多くの水分を含み、圃場での作物管理ができない。そこで雨期の終わったあと、人や機械が圃場に入れる時が栽培時期となる。しかしながら、一般的には雨期が栽培時期となるが、降水量によって栽培する作物の種類が異なる。栽培に必要な降水量は、この雨期に降る量が栽培要件となる。しかしながら、熱帯で、とくに熱帯モンスーン地域では、季節が雨期と乾期との二季節に区分されて、年間降水量のほぼ70～80％が雨期に記録され、乾期はほとんど降雨がない状態となる。そのために、栽培期となる雨期の降水量をほぼ年間降水量とみなすことができる。栽培期に必要な降水量は、水稲で1，000㎜くらい、トウモロコシで800㎜、ソルガム（ヒエ）で700㎜以上との現地における経験則がある。そして最も乾燥に強い穀類のパールミレット（トウジンビエ）では、500㎜でも栽培可能であるとされている。アフリカ、ニジェールの乾燥地域では、400㎜くらいのところでもトウジンビエが栽培されているのを確認している。したがって、農民がどのような穀類を栽培しているかがわかれば、この地域のおおよその降雨状況を把握することができる。

このように天水農業の場合は、どのような作物を選ぶかは降水量で決まる。また、その年の降水状態で収穫量が変わるという生産の不安定さがある。とくに旱魃は、農民にとって大きな問題である。数年旱魃が続くと村は崩壊状態になるという現象は、乾燥の強い地域ほど深刻である。そのために、安定した収穫を得るためには灌漑施設が必要となる。灌漑は、この不安定な雨期の降水を補うためのシステムと、乾期の栽培を目的とした灌漑があり、前者を補助的灌漑と呼んでいる。灌漑は、農民が昔から安定した収量と高収量を得るために行ってきた技術である。そのために農民がいかにこの技術・施設を使うかは、重要な農業開発要素となっている。

灌漑農業の発達

灌漑は作物の栽培安定と増収を図ることには欠かせない施設であり、農業技術協力の中心的プログラムとなっていた。水を使うことによって栽培形態が変わり、新しい栽培技術が導入できるようになった。乾燥地でも水があることで栽培が可能となり、肥料の効果も高くなる。また、灌漑そのものの技術も必要となり、農業土木分野における中心技術として農業開発に取り入れられた。灌漑は、水を圃場、あるいは作物に供給することであるが、

写真２－３　カンボジアのコマルタージュ水路による灌漑
（用水路の先にメコン川が流れている）

供給する目的によって施設、方法が異なる。

灌漑の種類は、土木的観点や利用の栽培的観点からなど多様である。灌漑の種類をおおよそに分類すると、まず主要な部分を形成する水を取る方法（取水技術）は、農業土木の主工事の部分となる。水源として貯水池は堰・ダム・池があり、河川から直接分水するものでも、頭首工による水位のかさ上げによるものや、堰による直接分水がある。また地下水利用の井戸や乾燥地帯のカナートなどがあり、海に近い河口では塩水の重さを利用した潮汐灌漑、また、メコン川のような大河から、水かさの増す雨期に水と泥を水路から圃場に導水するコマルタージュ（泥水の意味）灌漑がある。

水位を利用する一般的な灌漑は、ダムや池

などの高位の水源から取水して、水位の高低差で水路を通して導水する重力灌漑である。自然の地形条件を利用した灌漑として、高い圃場から低い圃場へと順に水が流れていく田越し灌漑、棚田のテラス灌漑、カンボジアなどで見られるトンノップ灌漑（減水期栽培灌漑）などがあり、各地域の特徴を出した技術となっている。天水農業から灌漑農業に移ることで集約的栽培が可能となり、周年栽培も可能となり増収を可能とする。天水農業より発達した農業といえるが、資金・資材の投入が必要となり、施設の管理も大変であるため、単なる栽培技術だけでなく、経営・営農技術も必要とされる。

小規模農業からエステート農業へ

穀類等の食用作物栽培のほかに、工業用原料、工芸作物等の栽培は、経済の発達に伴いその需要が増す。低地における水稲栽培は水管理技術を集約して高収量を得られる農業であるが、畑地、丘陵地における作物栽培には合理的な栽培経営が求められる。この代表的なものがエステート農業である。エステートとはプランテーション農業であり、農園を大規模に区画した耕地で工芸作物、嗜好作物、果樹などを栽培する。日本では、これに類する大型農園は歴史的背景からほとんど発達していない。アジアでは小規模農業が主流であるが、未耕地の多いフィリピン、インドネシア、マレーシアなどの熱帯では、丘陵地や未開地を開墾してエステート農業が行われる。しかし、多額の資本の投入が必要であり、小農のレベルでは無理である。国家プロジェクトあるいは民間の大資本により可能となる。周辺の小農は、労働者としてここに雇用される。しかしながら、自給用の食料は必ずしもエステートで栽培されるわけではなく、周辺の小農で食用作物が栽培され自家用に用いられる。むろん、外部からの食料購入という手段が用いられるのが一般的である。このように経済発達や資本投入により、丘陵地等では大農方式による大規模な生産システムが発達する。

増産を求めた「緑の革命」とは

「緑の革命」はグリーンレボリューションと呼ばれ、高収量をあげるために、１９６０年代にアジア、中南米地域で導入された、高収量品種（ＨＹＶ：High Yielding Variety）を使う生産システムである。ＨＹＶを使った食料増産の考えは、すでに第二次世界大戦中に発案されて、農業科学者グループがアメリカのフォード財団等の資金提供を受けてＨＹＶの開発に着手していた。ボーロン博士は推進者の第一人者で、この業績によってノーベル賞を受賞している。緑の革命で対象となった作物は、開発途上国の主要作物となっているコメ・小麦・ソルガム（モロコシ）・パールミレット（トウジンビエ）などの穀類、落花生・緑豆などの豆類、キャッサバ（コウリャン・マンジョカ）・ジャガイモなどのイモ類である。緑の革命の生産方式を要言すれば「高投入・高生産」ということになる。つまり、高収量品種を使い、この品種が最大限の収量を上げるための条件を作ることである。作物が高収量を上げるための要素は、肥料・水・農薬・集約技術である。作物の品種によって肥料吸収能力は異なり、逓減の法則に従い施用の限界がある。この限界を、高収量品種を使うことで引き上げ、肥料を多用し高収量を得ることである。また、肥料が作物に吸収されるためには水が必要であり、このために灌漑が必要とされた。さらに、高収量を得るための作物を最大限生長させるので、病虫害の被害を受けやすくなり農薬を使用せざるをえない。これらの栽培技術を総称して「緑の革命」と呼ばれた。詳細は後で述べることにする。

地域おこしとエコツーリズム

今までの農業は、都市と農村という見地からみると、農村から常に人・物・金が流れ出る形態である。これは1950年代の開発の考え方で、経済学者でいうところの「従属説」あるいは「中心国―周辺国説」として説明されている。それは、農業は工業を支えるものであり、常に農業分野から材料が工業分野に供給されなければならないという経済開発理論に基づいていた。したがって農村部は常に都市を追い越すことができず、都市は栄えるという構図ができあがった。昨今の社会構図はまさにこれに該当し、工業化が進めば進むほど、農村と都市の経済格差が広がっている。それではこのような社会構造から、次の農村の方向はどのようなものとなるであろうか。そこで今までのような人・物・金・情報の流れを、都市から農村に向ける必要がある。さもなければ、農村は常に貧しいことになる。この場合の前提として、都市は工業分野と商業分野を含む地域で、農村は農産物生産を行う地域と考える。村の貧困を解決するためには、農村から都市への流れを、都市から農村への逆の流れに変えなければならない。都市の発達によって人々のニーズが農村に向けられる時に、流れの逆転が始まると考えられる。人々がアメニティを求めて、都市を離れたいと願望した時である。農村は単なる農業生産を行うのでなく、人々の暮らしの豊かさを提供する役目を果たす地域になる必要がある。つまり、農村を訪れることを「売り物」にし「商品化」することである。エコツーリズムまたはグリーンツーリズムは、都会の人が農村に行く流れを作り出すことになる。これにより、人が農村に動き、そこでものが売られる。つまり、お金も農村に流れることになる。このように農村発展の次の形態は、農業

図表2－1　農業発達過程の流れ

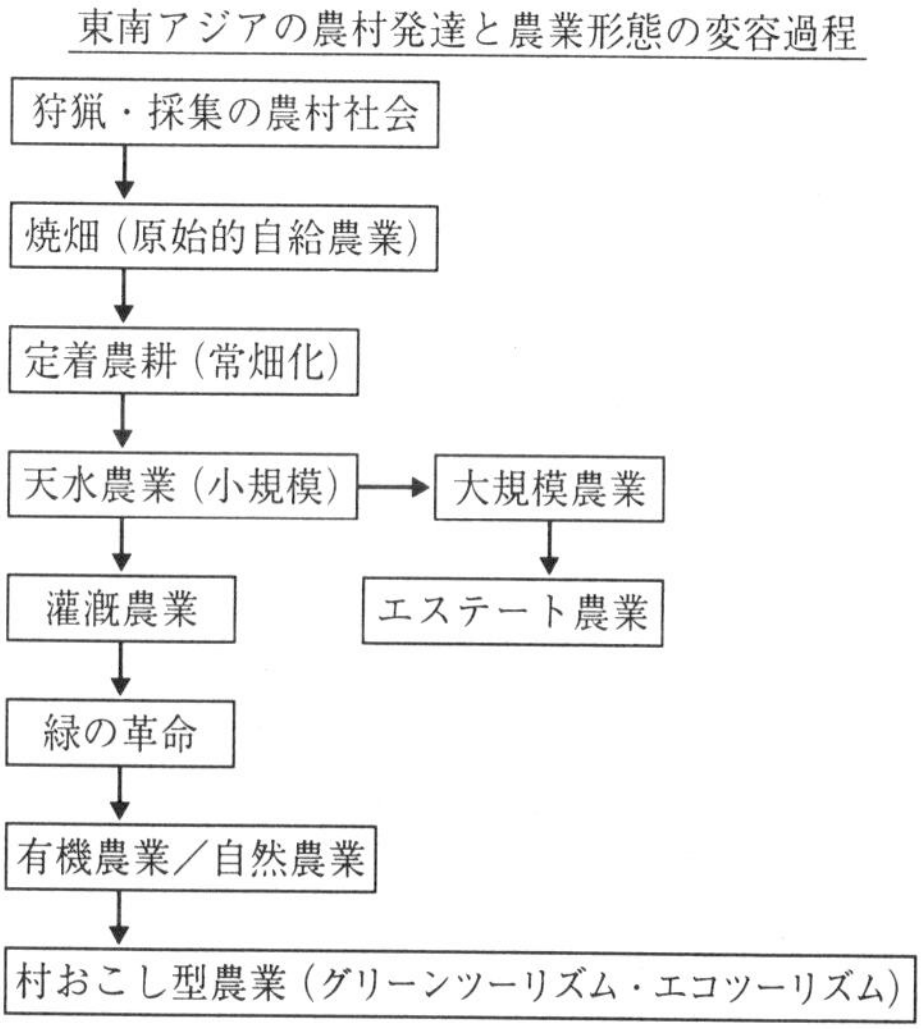

生産だけでなく、いかに農村資源に付加価値をつけて都市の人に農村で提供できるかである。この意味から、農業は単なる工業分野への生産物の提供、都市への食料提供だけでなく、人間のアメニティをサポートする役目を果たすことになる。この段階で農業は農産物生産技術だけでなく、人々のニーズに合ったものを生産する体制、技術をもたねばならなくなる。これが新しい農業の方法といえるであろう。しかし現在の日本では、農業生産額のGDP比はすでに1・5%をも割っている。この状態の農村から得られる経済的直接収益は、国の生産活動全体からみたらわずかなものに過ぎないのであり、新農業体制になっても、国全体の経済からみれば、それほど経済的には変わらないということも忘れてはならない。

第3章　農業生産と技術の歴史的背景

食料増産に必要な営農的手法は、単位面積当たりの収量（反収）をあげることと、栽培面積の拡大である。食料増産を実現化するためには、技術が農業開発の目的に沿ってアプローチされることで可能となる。また、技術の食料生産に果たす役割は大きく、人類がこれまでに経験して得た形態であり、蓄積された発展の成果でもある。したがって、過去に経験した適応技術を考察することで現在に至る農業生産の形態が理解され、農業開発の次の課題が見えてくるものと考える。ここで営農技術と栽培技術の視点から、経験してきた農業開発の特徴をみることにする。

農業革命における技術とは

農業革命は、１７００年代にイギリス南東部のノーフォーク地方で取り入れられた新しい作付け体系を基本とした営農形態であり、これがヨーロッパ大陸部に派生し、従来の農業システムを変えたことから「革命」と名付けられている。当時、ヨーロッパでは三圃式農業が基本営農様式であり、穀物—穀類—休耕というように、穀物栽培の3年に1回は休耕（休閑）を行う作付け体系を取っていた。しかし、産業革命の近代工業化により工業労働者、とくに繊維産業で女工を必要とする社会経済システムは、労働力を農村女性から得たとされている。そのためには農村における営農システムを機械化による大農方式に変えると同時に、生産性を確保する作付け体系として休閑をなくした4作物輪作体系を取った。これがノーフォーク式農業といわれている。これにより食料と飼料の確保と、農村の労働力を工業分野に出すことを可能とした。農業革命によるこのシステムの導入にあたり、技術的な改良がなされた。その1つが、大規模栽培化による道具の改良、機械化である。また、大農場方式（大農法）の近代化に対する耕地の拡大化がエンクロージャー（囲い込み）によって図られた。エンクロージャーとは、小区分されていた農地のいくつかを囲い込んで大きな区画にすることであり、この作業の背景には土地所有を担っていた教会の果たす役割が大きく、100年くらいの長期の取り組みにより囲い込みが達成されている。また、これは単に農地の拡大が耕作のためではなく、他のヨーロッパの大型資本に対抗するために必要な、農業に対する資本の蓄積としての処置であったともいわれ、ローマ教会への上納金に対抗する処置でもあったとされている。さらに社会情勢として、イギリス―フランスの戦争が背景にあり、イギリスで自国の食料確保のためにとられた手法だともいわれている。いずれにしても、農業革命とは伝統的小規模農業から大農方式農業への改革であり、効率的な作付け体系と効率的管理技術に土地所有も含めて改革したことである。これに伴う技術とは、作付け体系技術と畜力利用の機械化による粗放農業であり、技術の根本的考え方は、降雨の少ない半乾燥地で実施されている大農方式粗放農業として捉えることができる。

商品化と輸出型大農方式

次に重要な出来事として、農業技術を現在のグローバル化の形態にしたのが、1848年シカゴに穀物を中心とした商品取引所が開設されたことである。この背景は、アメリカで生産される小麦・トウモロコシ等の穀類販売市場の確保であるといえる。この時点で農業は、従来の生業から国際商品作物生産への道を開いたことになった。そして穀物生産が投資の対象として確立されたことを意味した。これからは輸出作物生産として位置づけられ、移住地で展開され、発展した大農方式粗放農業の究極の姿であった。農業技術はまさに機械化に対応したもので、生産の効率化を求めたものであった。穀物商品の国際化により、世界の穀物生産を支配することも可能となったともいえる。農業革命後のヨーロッパではトラクターの発達によって、より大農方式が発展し、アメリカへの移住者に引き継がれ体系化されたものと考えてよい。大農方式が確立した要因となったのは、以前までは石炭による固定的な集中的効率性の生産システムであったのが、石油の発見により動力源の小型化、移動可能型になったことで、能率的分散作業が可能になったことである。つまり、ガソリンエンジンによるトラクターの役割が大きいことになる。穀物市場は単なる取引の問題ではなく、生産システムを改善することに影響を与えたものといえよう。そして、この時点の食料増産は、いわゆる開拓により栽培面積を拡大することによって達成されたといえよう。

戦後の食料自給を目指した食料増産としての「緑の革命」

20世紀の中ごろ、開発途上国を対象に実施された「緑の革命」（Green revolution）は、高収量品種（ＨＹＶ）種子を使用した増収技術を普及する農業革命として位置づけられた。

この「緑の革命」は戦後の開発途上国における食料増産計画の骨格となり、援助を伴う国際協力の中心ともなった。経済開発と人口増加という課題を背負い、開発途上国では国家レベルで食料増産計画に取り組んだ。「緑の革命」とはＨＹＶを使用した食料増産技術が、国家レベルの普及システムと補助金により、自給できる食料の確保を図ることを意味している。ＨＹＶの育成は、１９４０年代から１９６０年代にかけて、ロックフェラー財団（The Rockefeller Foundation）、フォード財団（The Ford Foundation）、米国政府の資金がベースとなって、メキシコ・フィリピン・インドに対して実施したものである。その後、１９７１年に世銀の下で国際農業研究協議グループ（ＣＧＩＡＲ）が設立されて、この傘下に13の研究所を開発途上国に設置して、主要作物について新しい品種の育成が行われたという経緯がある。対象作物は、小麦・米・トウモロコシ・ソルガム・ミレット、落花生・豆類、キャッサバ・ジャガイモ等、多岐にわたる途上国で重要となっている食用作物である。したがって、戦後の食料増産と国際協力は「緑の革命」と呼ばれている増収技術体制をもとにしていたといっても過言ではない。

この「緑の革命」は、育成されたＨＹＶの高収量性の特徴を生かすために、灌漑を施した圃場基盤整備を行い、水を十分管理した状態で資材の多投入を図り、高収量を達成したものである。この生産システムの導入に対して、単なる資材の投入だけでなく技術が必要とされた（増田、１９９５）。水の管理技術、肥料を施用する技術、農薬をまく技術、機械を操作する技術などは、投入する資材の扱いについての技術であった。この技術習得には、農業普及事業によって農民訓練が国家レベルで行われ、技術移転が農民になされた。また、国によっては農民が必要とする肥料、農薬などの購入を、初期投入のための資金援助（融資）として導入して事業を実現させた。さらに事業の根幹となるＨＹＶ種子の生産・配布については、各国の試験・研究機関において種子生産技術を確保した。このように「緑の革命」は資材、労働の集約化が基本であり、集約栽培農業と捉えることができる。したがって「緑の革命」の営農技術の考え方は、飯沼（１９７５）の分類した湿潤地型農業の究極の形態として捉えることができる。

「農業革命」と「緑の革命」からみた技術の特徴比較

農業技術面からみた「農業革命」の特徴は、休閑（耕）を廃止して連続した作物栽培に改善し、一連の農作業を機械化システムによって合理化する作付け体系技術であるといえよう。この技術は三圃式農業を改善し、栽培面積の拡大と管理の合理化を図り、増収効果をあげたものであり、半乾燥地型農業技術を基本にしている。

「緑の革命」の場合に取り入れた技術は、新しい品種であるHYV種子を使用し、この種子が高収量を達成できる条件として、耕作地・時間・労働・資本を整え、生産性と収益性を図るシステムを設定したものであった。この基本的考え方は、アジア等で実施されている労働、資材の集約を図ることで単位当たりの収量を上げる湿潤地型農業技術であるといえる。このように2つの農業革命は、増産に対してまったく異なるアプローチで技術を発展させた。1つは半乾燥地型の大農粗放農業であり、面積の拡大による増収である。他方は湿潤地型の集約的管理農業で、栽培面積当たりの増収を求めたものである。食料増産の究極は、両技術を最高レベルの手法まで確立させ、両方を融合することであると考える。つまり、栽培資源の集約と栽培面積の拡大により栽培体制の合理化を図り、食料増産を達成させることである。しかしながら面積の拡大には限界があり、環境に負荷をかけずに耕地として開墾できるところは地球上では限られてきた。したがって、今後、食料増産の課題は、一定面積での集約技術による増産と不毛地の開発が必要とされることになる。

「緑の革命」の技術の特徴と国際協力

第二次世界大戦後の農業開発を論じる場合には、開発の手段として開発途上国に導入された「緑の革命」の果たした役割は大きい。食料増産に対する国際協力で行う技術移転の原点であったといえよう。「緑の革命」の中で技術の増収に果たす経済的役割は、速水（1995）によって、一定に達した生産体制からさらに増収を図るには新たな技術が必要である、という論理的な説明がなされている。「緑の革命」による農業技術と土地基盤整備に適切な投資が行われれば、土地資源の制約を打破することができる土地節約型農業として経済成長（増収）が図れると説明している。これは、労働、資材の集約性を意味するものである。つまり多投入による多収量が基本になり、これに対応する、あるいは反応する品種がHYVとして育種された。そこで、この技術が基礎となって国際協力に果たした役割を、戦後の日本のODA協力の農業分野の流れの中で検証し、またインドネシアに対する協力事例を通して詳細を述べることにする。

「緑の革命」における水稲増収の特徴は、IR種と称される高収量品種の性格を活かすための栽培形態を作り上げたことである。この特徴は次の4点に要約される。

図表３－１　「緑の革命」における稲のローカル品種と高収量品種

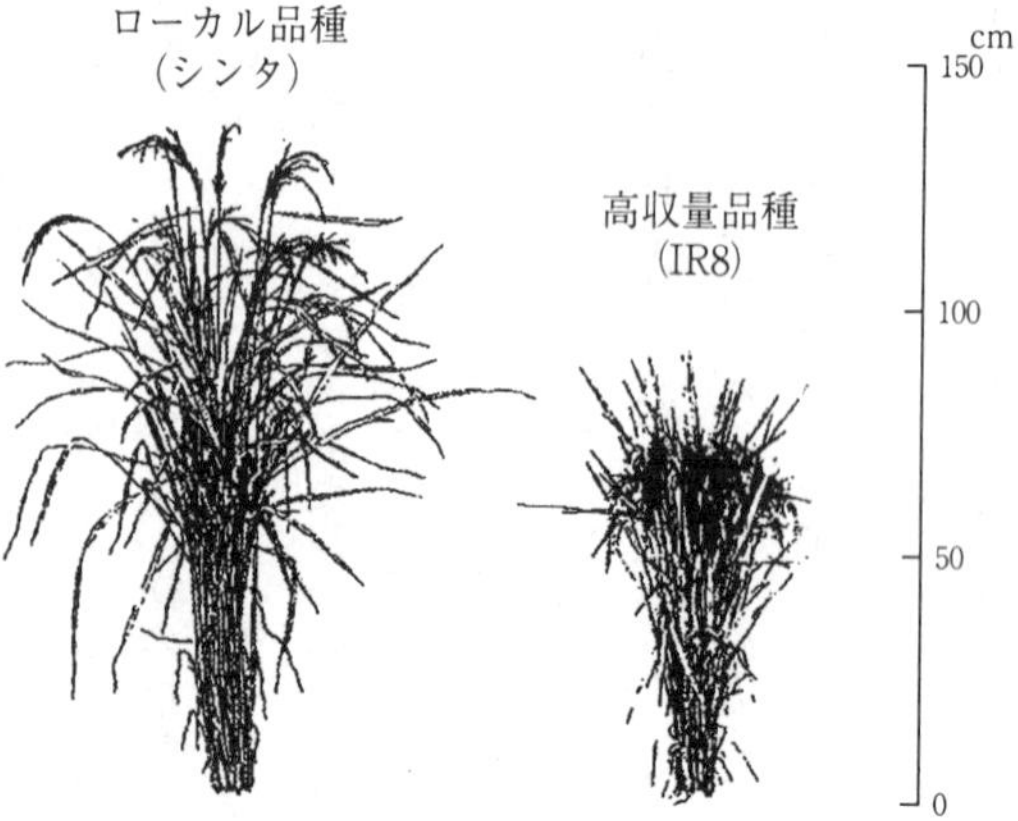

出所：Dalrymple（1986）をもとに再図。

①　高吸肥性（高い肥効性）を利用した高収量性
②　短い生育期間（早期成熟性）の性質を利用した2―3期作とリスク回避栽培
③　低感光性（長日、短日の影響を受けにくい性質）により周年栽培が可能（低緯度地域に対応）
④　作物丈が矮性（半矮性）であることにより、風雨の倒伏害の軽減

また、この種子の特徴を活かすための栽培条件を確立するために、各種技術を取り入れて総合的な形態を構築した。これを増収営農システムとして国家の農業開発計画に取り入れたのである。この具体的な技術

は左記の通りである。

① システムの確立（栽培のパッケージ技術）と普及

② 各技術指導（施肥、消毒、病虫害防除、生育管理等）

③ 機械化（機械の操作、修理技術）

④ 種子の確保と配布システム（種子技術）

⑤ インフラ整備技術（圃場整備、灌漑施設整備）

⑥ 水管理技術

この技術は、日本が行ってきた篤農家の稲作技術と同様であり、集約型農業である。なぜならば、労働と資材を集約的に投入させて、一定の面積から最大限の収量を得ることに特徴があるからである。日本のODAによる農業技術協力は、この考えで実施された経緯がある。そして、個々の技術の開発のみならず、技術移転と農業普及システムを協力形態に取り入れた日本的特徴を有している。

第4章　日本の技術協力による農業・農村開発プロジェクト

技術協力は、技術の遅れている地域に近代的な新しい技術を移転することで、現地における生産を上げることを目的としている。これを技術移転と称し、先進国の技術を開発途上国に移し、開発途上国がこの技術を使い、新しい生産向上のシステムを作ることであった。これによって開発途上国の経済を安定させ、発展させる狙いがあった。国際的視点での開発協力が実施されて半世紀が過ぎている。各国の政治的な目論見もある中で、技術移転がグローバル化に向かった時でもある。以下、農業分野の技術移転について、どのような経緯、背景があったのかを概観する。

第二次世界大戦後の日本の、海外に対する技術協力は稲作栽培技術から

日本の技術協力は、1951年に戦後の賠償の一環として開始された。そして、日本国政府が国際的に経済協力協定を結ぶことから本格的に技術協力が進められた。戦後の復興計画を実施していた日本は、当時まだ援助受入国でもあった。とくに東海道新幹線、東名高速道路、黒部第4ダム、愛知用水など、基幹インフラの整備が世界銀行等の資金協力で実施されていた。一方で、戦争の賠償を含んだ開発途上国に対する援助が進められていたのである。当時、日本は農業分野において自国の食料増産問題を抱え、海外に協力できる状態ではないとの考えに立っていた。しかしながら何らかの貢献ができないかということで、稲作栽培技術であれば日本の経験が豊かであり、唯一これが東南アジアの賠償国に対して協力できるものであろうとの方針が出された。これによって稲作専門家が最初に、海外へ技術協力者として派遣された。また、これと同時に、海外からの農業技術者を日本で研修する国内研修事業が開始された。

当時の技術協力は、技術の進んだ国から遅れた国に技術を指導・移転するという形で協力が進められた。つまり、有るものを教えるという形態である。この技術移転は、研究者に対する研究や試験の技術移転と、農民の技術向上を目的とした農業普及が大きな柱となっていた。とくに、農民の技術向上はどのように図られたのか、どのように農民は技術を習得していったのかという経験は、日本がよいモデルとなった。この技術移転の事例を、開発途上国の技術協力に活かそうとしたのである。

日本のODAによる開発途上国の農業・農村開発について

日本が国際協力としてかかわった農業技術協力が、どのような経緯をたどってきたのかをみて、開発と技術の関係を調べることにする。以下、実施された日本のODAによる農業技術協力の経緯から、協力形態の特徴をみることができる。

(1)　1950年代の栽培技術確立のための協力・農業試験所での試験分析

日本の農業技術協力は、コロンボ計画に加盟した1954年から開始され、それはアジア諸国の食料増産に寄与するためとされた。当時はまだ被援助国としての位置づけにもあり、協力できる分野、内容は限られていた。前述したように、水稲栽培技術だけが唯一協力可能であるとして技術協力が実施された。最初の対象プロジェクトとしては、イラン・カンボジア・ラオスにおける稲作技術協力が挙げられる。これらは、生産に関する増産技術であった。例えばカンボジアの農業開発においては、品種試験、生育試験、土壌試験、肥料試験、生産性試験など技術面からの協力で、農村社会についての協力活動は含まれていなかった。一方、各国の農業事情を知るための調査も開始された。

(2)　1960年代の農業の「拠点」としての開発：模範農場と農業普及の導入

このような背景で開始された技術協力も、時間がたつとともに、手法や形態が変化していった。1960年代の農業協力プロジェクトは稲作中心であり、インドシナ・インドネシア・インドで大きなプロジェクトが始まった。とくに、当時インドは重要な稲作技術移転対象地域であり、インドの国家政策をサポートした。ここでは、稲作技術を農民にいかに技術移転するかを目的としたプロジェクトとして、まず、小規模であるが日本の水稲栽培技術を現地に再現させることであった。専門家は、試験農場あるいはモデルファームで現地に適応できる農業を展開した。試験農場やモデルファームでは、直接農民に技術指導するというよりは、むしろ国の技術者や普及員に対して指導を行った。そして訓練、研修を受けた普及員らが農民に技術指導を行う、間接的農民指導の方法がとられた。もちろん移住地域の開拓地などでは、農業普及として農民に直接指導を行うプロジェクトもあった。その後、単にモデルファームや試験所の拠点を対象とするだけでなく、地域の農業開発を考える必要があるとして、技術移転の対象を拡大する方向へ移った。

日本の農業開発モデルは、模範農場を通しての技術移転であった。高収量を上げることのできるモデル農場を作ることで、普及員や農民がこれを見習い、導入できる技術を開発する農業拠点でもある。この手法は、戦後の日本が各県に設立した農業試験場と同様なものであり、「点」の技術協力と呼ぶことができる。とくにインドにおいて、州レベル（アラ・コポリ・ダンダカラニア・マンディア・ビアラ地域）での生産モデルの確立を現地試験農場で実施した。ここでの技術協力は増産技術であり、新品種の品種試験、肥料試験、生育試験、水管理技術などが試験所で実施され、高収量の要因分析が協力の主体となった。そして、この模範農場で確立した技術を農家に移転する普及活動が取り入れられた。このような普及訓練システムづくりが技術協力として実施された。これが農業普及プロジェクトといわれているものである。すなわち、開発の「点」となる模範農場に対する協力であった。

(3)　１９７０年代の「点から面」への展開：地域開発と普及による開発対象の拡大

さらに前述をもとに、地域の開発に重点をおいた地域開発型プロジェクトが形成された。つまり、模範農場の技術を農民レベルに活かすためには、農業普及を通して行うことが有効であるとした。そのため、地域レベルでの開発計画を技術の普及協力として実施したことで、模範農場の「点」の技術を、地域という「面」に拡大する協力手法が取り入れられた。日本の農業普及システムがモデルとして技術移転されることになった。また、開発途上国の社会には、研究部門よりも普及部門の地位が低いという事情があり、普及事業がうまく運び難いという事情を考慮して、普及と試験事業を同格に結びつけたプロジェクトも試みられた。例えば、バングラデシュの中央普及技術開発研究所（ＣＥＲＤＩ）プロジェクトがこれに該当する。

(4)　１９８０年代の研究重視の技術協力へ‥中間技術、適応技術の確立を求めて

上記手法による農民への技術の普及は、必ずしも順調にいったわけではない。模範農場・試験場で確立した技術は、まだ十分なインフラ整備がなく、技術受け入れの農民の力が弱く、開発途上国の農村では現地適応性が少ないとの考え方から、再度技術面からの見直しを図るために基礎的研究協力が取り上げられた。先進国のものを直接導入しても開発途上国の現場には適さないために、その中間的なものが必要であり、現地適応技術を開発する必要性があるとの方針が出されたのである。したがって技術協力は、現場のニーズに

合った道具と技術を開発する方向へと移行した。研究協力プロジェクトや中間技術開発プロジェクトが形成され、現地適応性の要素がプロジェクトの中に入れられることになった。一方、新しい分野の技術協力の導入も図られた。例えば、インドネシアにおけるリモートセンシング[1]、あるいはタイにおけるトウモロコシのカビ毒のアフラトキシン[2]対策プロジェクトなどがそれである。また、高収量品種などの優良種苗関係の協力は継続された。

(5) 1990年代の技術移転から能力向上・自立発展への転換：総合的アプローチ

1990年代になると、多くのアジアの開発途上国では、国家レベルにおけるコメの自給は可能となった。しかしながら、貧困層の多い農村の問題が新たな開発課題となり、貧農、貧困農村を対象とした開発戦略が取られた。増産技術も貧農が受け入れられる技術、手法として、今までの高投入型に代わり、社会条件も含めた総合開発の技術協力プロジェクトが取り入れられた。増産技術は栽培技術そのものよりも、生産者・農民が増産できる状況づくりのための技術協力へと変換した。この技術は単なる科学的な面だけでなく、小農・貧農が受益できるための社会的な開発要件も取り入れられた。ここで食料増産プロジェクトに、社会的側面からのアプローチが本格的に導入されるようになった。いわゆる総合農業・農村開発計画と捉えられ、参加型開発、持続性に対する手法が考案され、農民の自立的発展が食料増産に貢献するとの方向に移行した。したがって、食料増産には技術と同時に生産者の果たす役割と、彼らの能力向上が必要であるとの考えに至り、生産者に対する社会面からの協力が図られた。村造りプロジェクトと呼ばれるものや、参加型のワークショップを取り入れたプロジェクトが多く実施された。

(6)　2000年から現在までの国連ミレニアム開発目標と開発：貧困と環境重視のアプローチ

西暦2000年は開発における一区切りとなり、国連が次世紀に対しての開発目標を立てた。これがミレニアム開発目標（MDGs）で、2015年までに達成すべき8項目の具体的な開発目標が掲げられた。開発プロジェクトも、この目標に沿った開発内容を含んだものとして実施された。とくに貧困問題に対する取り組みがプロジェクトに多く取り入れられ、農村資源の有効活用と持続的開発が重視され始めた。持続性とは、プロジェクトの効果を長期的視点で捉え、人々の活動の持続的活用と資源の持続的活用を成果として求めており、農村の環境問題までも包含している。また貧困対策として、貧困者を助けるための事業を目的とした貧困削減（Pro-poor）プロジェクトが計画・支援されるようになった。

【注】

（1）遠隔探査・遠距離測定をいう。人工衛星からレーダなどで地勢観測をすること。

（2）カビ毒のマイコトキシンの一種で、熱帯・亜熱帯に生息する。

第二部　インドネシア農村における農業技術協力の現場から

第5章　ＪＩＣＡ「農業農村総合開発計画プロジェクト」からの経験

農業開発の成功は

農民が新しい農業を実施するという行動において、いくつかの形態がある。日本の経験と熱帯アジアの経験においても共通の事項が見られるが、その1つとして、貧困からの脱却という重要な行動がある。現在の農業開発が成功している地域は、貧困を克服して地域の経済社会が発展しているところである。この成功条件には、農民の貧困からの脱却への意気込みと工夫があったと考える。つまり、農民から貧困脱却の強い意思が示されていなければ、農業開発は進まないのである。農民が新しい技術や営農の発想をもっているか、また、それらを手に入れる意思があるかである。開発の意思をもっていれば、すでに農民が自立発展しているといえるであろう。しかし、農村開発プロジェクトはこの意思の確認だけでは済まされないのである。また、単に与えただけでは、農民は新しい技術を受け入れるというものではない。そこで、開発をするという意思と、適切な技術を見つけるという接点がプロジェクトでは重要なものとなる。

技術移転における参加型農業、農村開発のメカニズム（南東スラウェシのケース）

日本の開発協力援助（技術協力援助）は戦後まもなく開始されたが、この中で農業分野における事業は1つのコアとして確立された。日本の協力はカンボジアの農業センタープロジェクトから始まり、モデル農場または農業普及センター協力方式といわれた試験農場だけの「点の開発」であった。その後、地域農業開発または農業普及開発へと拡大し、技術移転が地域で実践される「面への展開」と呼ばれる協力方式に移行した。しかしながら、必ずしも技術普及が十分達成できたわけではなかった。農業普及効果が十分発揮できないのは、途上国側の農業基盤、組織の弱さにあるとの評価がなされた。そこで、基礎的な分野の協力が必要であるとの立場から、研究協力重視の形へと移行した。ここで導入されたのが高度な技術よりは現地に適した技術である、適正技術あるいは中間技術といわれるものであった。そして1990年代に入って、地球規模の開発として、環境、貧困、参加型開発と、持続性の必要性を包含した開発へと推移していった。いわゆる開発のパラダイムシフトといわれる時期である。このように多様に開発形態を変えていった協力手法は、実際十分に現地の農業・農村開発に貢献し得ていたのであろうか。協力の形態、課題は変わっても、農村の現場で求めるものは以前も現在もまったく変わっていないはずである。ここでは、1990年代の新しいプロジェクト協力の手法として捉えられていた、村づくりにおける総合農業・農村開発を事例として取り上げ、国際農業開発協力における技術移転のメカニズムについて考えることにする。

〈プロジェクト協力活動の概要〉

1991年にインドネシア政府の要請によって、日本政府はODAの技術協力として、インドネシアの東部地区に位置する南東スラウェシ州で農業・農村開発計画プロジェクトを開始した。この協力は、当時注目され始めた持続型開発のために必要な参加型開発を導入しようとする試みが含まれていた。もともと、案件は当時の州知事であるアララ氏が行おうとしていた農村開発としてのゲルサマタ計画の一部であった。ゲルサマタとは、インドネシア語の頭文字を取ったGERSAMATAであり、日本の一村一品運動と同じことを意味しており、村の産業興しの意味である。南東スラウェシ州はインドネシアでも僻地として位置づけられており、いかに農家所得を上げ、貧困から脱却させるかは農村開発の重要な課題であった。知事は他の州よりもいち早くこの課題に取り組み、彼の主要な政策課題としたわけである。そしてこの計画の実施にあたり、中央政府の協力を得るために、国家計画としての開発要請を政府（開発計画庁）にあげていたのである。国による開発計画は当時、インドネシア中央開発計画庁（BAPPENAS）で一括審査されて、採択される開発案件の優先順位が決められていた。南東スラウェシ州からあげられた案件も、この開発計画の1つとなっていた。そこに日本から開発協力案件発掘調査団が訪れ、インドネシア政府からこの案件についての協力要請の打診を受けたのである。調査団は現地を視察し、技術協力の可能性のあることを確かめて、このプロジェクトが進められることになった経緯がある。

南東スラウェシ州はまだ開発が十分進んでいない地域であり、農業も焼畑が一部残っており、原始的な農業が行われていた。水田は他の島から来た移住者により開田されて、水稲栽培が一部で行われているだけであった。

このように、東部インドネシアは国の開発、近代化が進められている中で、取り組みが遅れている地域であり、国家の経済、社会バランスからこの地域の開発が望まれていた。その一地域である南東スラウェシ州は、北に2、000m級の山を抱き、三方を海に囲まれ、未だに他州との陸路の接続がなく孤立した半島部である。そのため、今まで開発から取り残されていた地域でもある。プロジェクトは、この地区の8村をモデルケースとして農業農村開発計画を展開した。プロジェクト位置図は図表5—1に示したので参照されたい。計画は、地域農民を積極的に事業に参加させて、大規模な施設の建設は行わず、小規模で効果的な農業基盤整備とその運用指導を行う手法を導入した。したがって、農業生産において現状よりやや高い程度の生産性を求め、農民が自主的に施設を管理し、農民自身によって農業開発を推し進め、農村を発展させることを目的としたボトムアップによる開発を狙いとしていた。

プロジェクトのキーワードは「村づくりプロジェクト」「農民参加型開発」「プロジェクトの持続性」であった。1990年代の開発課題をそのまま取り入れた形となった。

この計画における主な活動内容は、次のようなものであった。

(1) 農地基盤整備を中心として農業開発を行う

(i) 村の未使用耕地のモデル的造成 (ii) 水路、取水堰等の築造、改修、改善 (iii) 池、井戸等の築造 (iv) 水田、畑作、エステート作、圃場のモデル的開発

(2) 農地整備外の農業施設整備を中心とした開発事業

(i) 農道の布設 (ii) 集会場、普及所等の建設 (iii) 精米所、乾燥場、種子貯蔵庫の建設 (iv) 畜産(肥育)施設の建設

(3) 農民参加を考慮した建設事業の実施

(i) コントラクター、プロジェクト直轄による工事の実施 (ii) 農民による末端水路の工事と管理 (iii) 農民主体の建設地区の選定

(4) 増産にかかる営農技術の改善

(i) 栽培のデモンストレーションを通した営農のモデル作り(水田、畑作、エステート作物、畜産飼育) (ii) 改良技術のトライアルと普及 (iii) ハンドトラクター、パワースレシャー等の小型農機具導入による改良農法の導入

(5) 農民活動の活性化とプロジェクト活動の維持を考慮した体制づくり

(i) 組織の育成(農民組織、水管理組合、協同組合) (ii) 農民組織への資金積立

(iii) 農民組織による農業資機材、施設の運営管理（精米所、ハンドトラクター等）

(6) 農村開発全体にインパクトを与える活動

(i) 農民研修 (ii) 農村婦人研修 (iii) グループ活動の助成

(7) 小規模開発のモデル化

(i) 対象村の特徴を生かした開発計画 (ii) 流域単位、既存農民組織単位のモデル開発の拡大および活性化

以上の事業を実施するのにあたり、この計画が容易に現地の農民に受け入れられ、彼らが何らかの形で開発計画に参加することがプロジェクトの持続につながるものと考えられた。これらの点を重視して活動を実施し、改めて農村開発に対する考え方、村の実態を知ることが必要となる。

どのような経緯でプロジェクトが形成されたか

このプロジェクトの実現は、旧農用地整備公団（JALDA）チームが案件発掘調査と称し、インドネシアで日本が支援できそうなプロジェクトを調査している時に出てきた案

件である。１９９０年にＪＡＬＤＡチームが中央ヌサ・テンガラの開発について事前調査に行った時に、インドネシア中央開発計画庁（ＢＡＰＰＥＮＡＳ）から要請を受けたものである。ＢＡＰＰＥＮＡＳは国の開発計画を行う中央機関で、各省庁から上がる開発案件の申請や各州からの開発案件の申請を取りまとめて、国としての開発方向性に合う案件を選定して、国の開発プロジェクトとして予算をつける機関である。予算そのものは財務省で決定されるが、開発計画のかなめを担っている機関である。ＪＡＬＤＡチームが事務所を訪問して、南東スラウェシ州から農業農村開発の申請があがっているので、興味があれば可能性を調査してみたらどうかとの意見をもらって、事前の調査を行ったのである。

この事前調査結果を受けて、日本国内で検討を行った結果、本件に対して協力を行う方向になった。検討委員会は通常各省会議と称され、案件に関係する省庁が協議して方向を決める。この案件は、外務省、農林水産省およびＪＩＣＡから有効な案件であるとの結論を得て、実施に向けられた。早速、公式な事前調査団がＪＩＣＡから現地に派遣されて、詳細な打ち合わせがもたれた。この時に、実施の時期、期間、プロジェクトの規模、日本側の投入、インドネシア側の投入、日本に対する便宜供与などが決められた。この結果を受けて、お互いにやるべきことを決めた議事録ＲＤ（Record of Discussion）が取り交わされた。これら一連の外交的交渉の段階を経て、プロジェクトが開始されたのである。

前にも述べたとおり、政府開発援助（ODA）としてプロジェクトが進められる場合は、相手側（被援助国）からの要請によって、援助国側が協力するという形を取る。しかしながら、多くの場合は援助国調査ミッションによってプロジェクトは形づけられ、援助国側のリードで実施される場合が多い。そして通常、プロジェクトの1実施期間を5年間以内としている。これは国際的に暗黙の了解であり、もし長期間実施する取り決めとなると、対象地区の植民地化も可能となるからである。同一プロジェクトを引き継ぐ場合は、フェーズ2として、プロジェクト名を変えて実施する場合が多い。

(1) 実施体制

プロジェクトの実施体制は、州政府が責任者となって実施することになっていた。州政府には州全体の開発を担っている部署である州開発計画局（BAPPEDA）があり、プロジェクトはこの管轄下に置かれた。しかし、実務は州の農業省によって実施された。また、協力機関として、州公共事業省の灌漑部門が主に農地整備、灌漑施設について担当した。このプロジェクトを実施するにあたり、州農業省は計画課にプロジェクト実施セクシヨンを設置した。州には、農業行政を行う総括部局としての州農業事務所がある。県レベルの行政統括、食料増収計画であるビマス（ＢＩＭＡＳ）計画、農業普及の統括、情報システムの統括が主なものであった。そのほかに分野ごとの局がある。当時最も力のあった部局が作物総局で、予算規模が大きかった。そのほかに、畜産局、森林局、水産局が設けられていた。農村では州の下の県レベルの職員、普及員が対応することになるが、プロジェクトでは州農業省が直接技術指導を行うことになった。農業普及員は、県レベルの職員として各局からの予算でまかなわれている。そのため、局の専門性が強い場合には、村づくりのような総合的アプローチが必要とされる案件には適合しないことがある。各村には男女1名ずつの2名の普及員が配置された。

これに対して、日本からは専門家が派遣された。リーダーのほか各分野に専門家を配置し、長期専門家として6分野から計6人が派遣された。ほかに短期の専門家がプロジェクト活動の進む過程で適宜派遣された。専門家と現地職員が一緒になって仕事を進めることになる。仕事の過程で専門家が現地職員や技術者に技術移転を行うことになるので、現地職員や技術者を専門家のカウンターパートと呼んでいる。つまり、専門家と一緒に仕事をする人のことをいう。しかしながら、専門家は必ずしも現地の事情に長けているわけではないので、往々に立場が逆転することもある。また、人間関係から生じる問題、言葉のギャップなどから、専門家とカウンターパートの関係は常に良好であるとは限らない。人間関係は、プロジェクト運営の大きな要素となる。また、日本人専門家においても、それぞれの出身の違いや分野の違いから、仲たがいが起こることはしばしばである。技術協力とは、人間が人間に行う行為であるので、人間関係がうまくいかないとプロジェクトは進まない。ましてや農村開発においては、農民からの信頼を得られない場合には技術移転は難しくなる。

(2) 対象村の選択

このプロジェクトでは「村づくり」のモデルとして8村を選んだ。村の選定は、州政府から貧困で、開発の必要な村として30村ほど挙げられた中から選ばれた。現地側政府から、できる限り多くの村を対象にしてほしいとの要望を受けてリストを作成している。しかし、日本側としては、5年間で行う事業として質の高い開発を行うためには絞り込みが必要であり、2～3村が適当との見解を出した。両者協議の結果、中間の8村がプロジェクトの対象となったという経緯がある。

それでは選ばれた村とはどのような村であるのか。調査の多くは技術者が行う場合、栽培や土木的なデータで終始してしまうことがある。しかしながら、貨幣経済の浸透していない地域では、社会的な要素が開発に大きく影響することが多い。そのため、注意深く農村社会も見なければならない。１９９０年のプロジェクトが始まる前の対象村の概要調査を、州の国立大学であるハルオレオ大学と共同で実施した。次のものはこの要約である。地図は図表５—１を参照してほしい。これによって地域、村のおおよその様子がわかる。

(3)　対象地区

総合農村計画農業開発（Ｐ４ＷＴ）ＰＡＬＡＴＡＬＡＲ（州政府の開発案件名称）は、約３４８㎢の面積の地域を対象として、ラノメト村15・7㎢、オネウィラ村13・44㎢、サブラコア村41・8㎢、ラエヤ村22・66㎢、パランガ村55・01㎢、キヤエヤ村44・56㎢、ラロバオ村82・44㎢、ラプル村73・08㎢の8村からなっている。政府が村の発展過程を４段階に評価したＰ４ＷＴと呼ばれる区分で、8村すべてが評価項目のスコアーで１００以上のポイントを上げて、第４段階目の近代的発展農村（Swasembada）となっている。その中でもパランガ村が１２７で最高点をもち、サブラコア村が１０２で最低であった。内務

図表5－1　南東スラウェシ州における農村開発プロジェクトサイト図

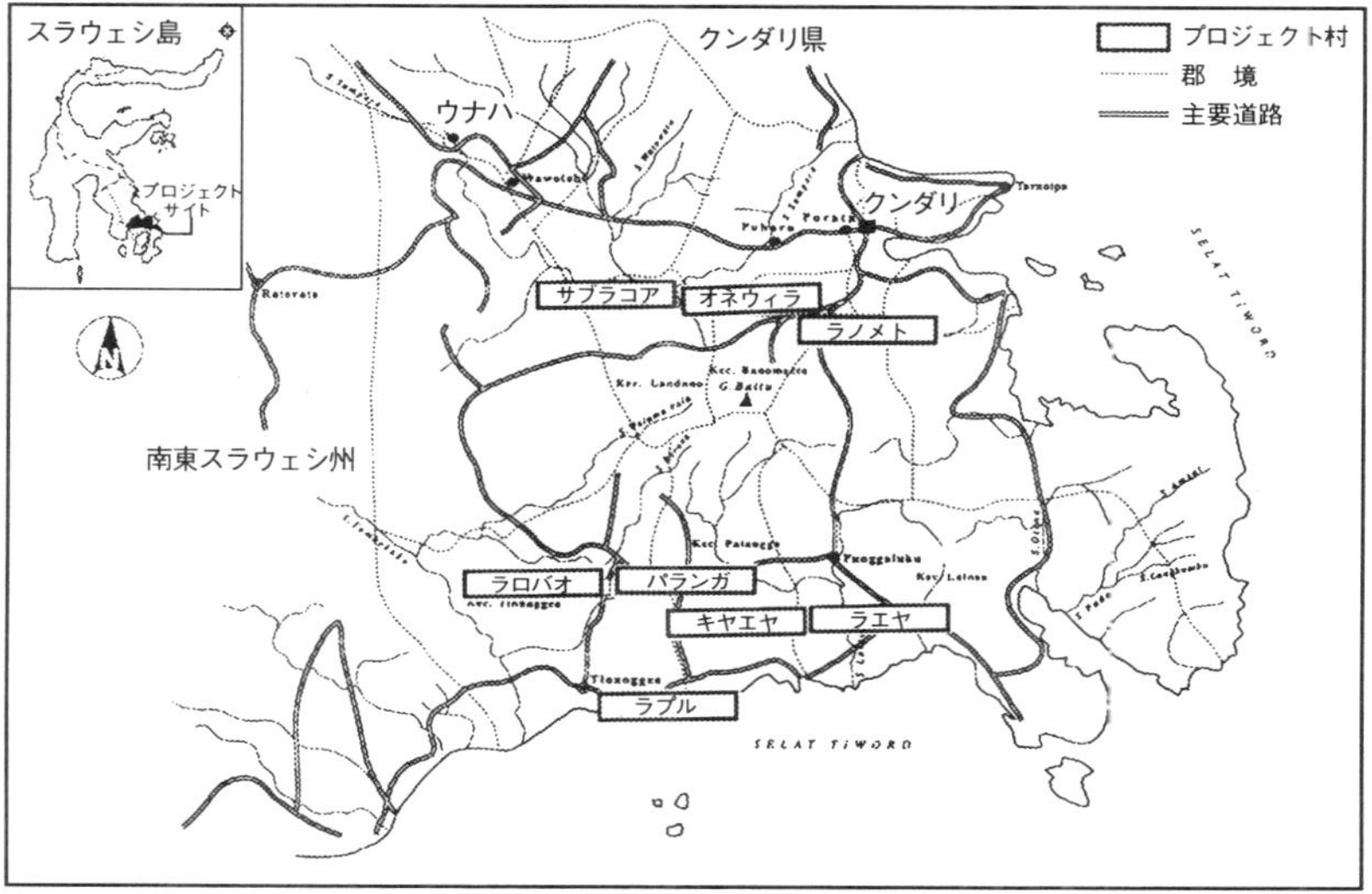

（注）黒塗りの四角がプロジェクト対象8村。

省規約、通達による村の行政力については、村の行政者と村落保全委員会（ＬＫＭＤ）の力は任務と責任においてまだ十分でない。

(4)　人口と世帯数

１９９０年のセンサスによると、人口は９、８０５人である。人口密度は28・17人／km²であり、ラノメト村は最も高い人口密度で１１２人／km²であり、ラロバオ村は最低で７・33人／km²である。全世帯数は１、９００世帯で、平均１世帯あたり５人である。

(5)　土地利用

すべての地域の土地利用計画図はまだできていない。全地域の約44％が農業用地として適している。このうち栽培地はたった10％であり、残りの34％は未耕地として位置づけられる。森林は全地区の23・34％で81・25km²であり、荒れ地（注意を要する土地）は20・78％の72・33km²にあたる。

(6)　道路交通

郡（サブディストリクト）のみならず、州の町（クンダリ）の中央と村の中央を結ぶ道路や橋は全季節を通じ、すべての車が通行できるアスファルトや石敷きの道である。村の中心や部落と生産地を結ぶ道路や橋は一般に土で造られている。雨期にも通行可能ないくつかの小道がある。

(7)　教育・宗教

村の教育レベルはまだ一般に低い。6～12歳の子供は小学校に通っている（99・2%）。小学校15校と中学校3校がある。しかしながら、幼稚園や高等学校はない。小中学校の施設は1教室あたり17～35人の割合となっており、十分といえる。一方、生徒と先生の比率は先生1人あたり13～33人の生徒数となっている。宗教は一般にイスラムで、モスクは20カ所あり、全村において十分に行き渡っている。モスク以外の礼拝堂はない。村の図書館はオネウィラ村とラエヤ村にあるが、蔵書数は少ない。

(8) 保　健

レクリエーション施設としてラノメト村にはプールがあり、日曜日にはクンダリから来る人で混んでいる（2000年現在は中止している）。スポーツ施設としてサッカー広場、バレーボールコート、タクロコートはどの村にもほとんどある。その数はだいたい1サッカー広場と2〜3のバレーボールコート、またはタクロコートである。4つの村保健センター（Puskesmas）と副簡易保健センターがパランガ村、ラノメト村にあるが、サブラコア村とラロバオ村の保健サービスはまだない。パランガ村の保健センターは立派である。ポシアンドウ（総合健康情報サービス）はすべての村にある。8村で14のポスヤンドウがあり、24人の保健・家族計画員（情報員）がいる。

(9) 農業情報

6村では簡単な灌漑がある。それらはラノメト・オネウィラ・パランガ・キヤエヤ・ラロバオ・ラプル村である。全灌漑面積は約995 haである。しかし、有効利用は20%以下である。排水はなく、雨期は水のレベルが高くなり、水田での耕作は不可能になる。トラクターやプラウの利用はまだ十分に発達していないが、ラノメト村、オネウィラ村、パランガ村、キヤエヤ村、ラプル村では期待できる。ラエヤ村では政府から多くの耕耘の補助金があったが、灌漑の欠如でまだ使用されていない。乾燥場と種子貯蔵庫の施設はまだない。精米所（RMU）は5カ所で、ラプル村3カ所とキヤエヤ村の2カ所にある。農業普及員（PPL）の数はすべての村合わせて16人いる。

⑽　村の生活

経済施設としての村落協同組合（KUD）、流通、銀行、日常品販売店、電気修理所、交通はまだ限られている。約16％の人々の家屋は、竹の壁で作られた仮小屋的なものに属する。2村に電気がひかれているだけで、その村はラノメト村とオネウィラ村である（現在ではバッテリーを電源としたりして、全村で電気の使用が可能である）。浄水は一般に井戸から得られている。便所は一般に外に位置する。しかし人口の20％近くは、小川、川の岸、藪の中で用をたす。村における補助金でつくられた便所は一般によく使われている。

⑾　村民の経済

人口比に対する福利厚生率は相対的に低い。次を参照されたい。

1人あたりの収入は、南東スラウェシ州の平均より低い。ラノメト村 34万ルピア（170ドル）、オネウィラ村 27万ルピア（132ドル）、サブラコア村 22万ルピア（110ドル）、ラエヤ村 26万ルピア（130ドル）、パランガ村 26万ルピア（130ドル）、キヤエヤ村 26万ルピア（130ドル）、ラロバオ村 30万ルピア（147ドル）、ラプル村 25万ルピア（127ドル）。

当時（1990年）の換算レートは、2,000ルピー=約1ドルである。1軒あたりの食費は全支出の70〜90％である。扶養数は4〜6人である。

収入の格差となる不平等比は相対的に低いことがわかる。つまり、低収入層が多いから所得の配分の不平等性は小さいことを意味している。グループ人口の40％が最も低所得で、地区所得の15〜30％を構成する。収入に対する不平等を表すジニ係数は、ラノメト村0・29、オネウィラ村0・30、サブラコア村0・30、ラエヤ村0・25、パランガ村0・27、キヤエヤ村0・14、ラロバオ村0・26、ラプル村0・30である。ジニ係数とは、分配の不平等性を示す指標で0〜1の指数で表され、1に近いほど不平等であることを示す。ちなみに日本は、1999年で0・273である（総務省統計局）。

土地所有に対する平等比は、相対的に高いか中位にある。以下、詳細を示す。

グループ人口の40％が低い土地所有であり、その土地所有率は全体の10～30％となっている。不平等収入比と不平等土地所有比との関係において、有意的な相関が認められた。回帰分析（Linear Regression）によると、不平等収入と土地耕作量不平等との間にも相関関係がある。

⑿　農業生産状況

対象地区の農業活動（状況）は相対的に低生産地区としてまとめられていて、南東スラウェシ州の平均よりも低い。

エステート（大農園）作物であるココナツ、カカオ、コーヒー、カシューナッツは一般的にまだ収量は低く、10～20％しか満たしていない。灌漑水田の農業生産目標との開きは12％であり、陸稲は9％、大豆14％、トウモロコシ16％、キャッサバ22％、サツマイモ17％、野菜36％となっている。土地耕作量は相対的に低い。なぜなら、耕作資金が少ないため近代農具が使えず、圃場状態

haあたりの作物の平均収量

灌漑水田	2.56 t
陸稲	1.36 t
トウモロコシ	1.94 t
大豆	0.89 t
甘藷	5.08 t
落花生	0.85 t
キャッサバ	10.05 t
緑豆	0.52 t

がよくないからである。優良種子、肥料、農薬の使用は小農でも認められた。しかしながら、その利用はまだ十分となっていない。理由は有効的な適期に行われていない。それらの値段が高いのと、土地がまだ肥えているからである。殺虫剤、毒餌は時によって効かない。とくにイノシシや野ネズミの対策が必要である。栽培形態は、相対的に8村については同様である。なぜなら同一季節（雨期）地区に属する。また休耕期間は比較的長い。生産物流通はまだ限られている。そのうえ生産物の販売ルートが適当でない。生産物の値段はクンダリ市の消費値段に比べ非常に低い。中心的経済組織である村共同組合（ＫＵＤ）は、村レベルでは多くの活動をしている。

⒀　村の活動

村の公的機関である村落保全委員会（ＬＫＭＤ）、家族福祉グループ（ＰＫＫ）などは多くの活動をしている。それらは村道、橋、村集会場に対する大統領指導による補助資金（Inpres）の割当てによる活動、総合健康情報サービス（ポシアンドウ）、ＰＫＫの園芸活動、農業資材の購入等である。村の集団活動は増えている。それらは農民水利組合（Ｐ３Ａ）、作物収穫作業、そしてもっと多くが住宅の共同建設活動である。

(14) 島外からの移住者

移住者率は相対的に高く、20％ぐらいである。灌漑のダム、農道の改良、村の経済活動施設の建設によって移住者はもっと増えるであろう。この地方で定着した移住者には特徴がみられる。移住者でよい耕地を所有した人、婚姻関係で移住した人、成功した親族に仕える人、または政府の仕事等を得た人である。

次に、プロジェクト対象の8村の概略を下記のとおりまとめた。これらの村はトラキ族の伝統的農村として位置づけられてきたのであり、それぞれに歴史がある。村の名前もトラキ語で意味をもち、村の特徴を表している。アイヌ語で地名を表しているのと同じように使われているのは興味深い。

・ラノメト村（トラキ語で黒い湿地の意）

トラキ、ジャワ族中心の農村で、古くからジャワからの自主的（自由意志による）移住が行われていた。すでに入植から2～3世代経ている。湿地に広がる水田とリゴヤシ林、丘陵地のカシューナッツ等のエステート作物が中心となる。都市近郊であるため社会構造に変化の見られる地域で、農家の兼業化が進んでいる。ジャワ人の居住は1959年からで、元は1937年にラハ市、コラカ市等の南東スラウェシ州に住んでいた人たちが日本軍に連れて来られて移住してきたものである。

・パランガ村（トラキ語で人の集まる所の意。クンダリ市、ティナンゲア町の中継点にあり人が立ち寄る所）

トラキ、ブギス中心の農村で、1983年にブギス族が入植してきた、比較的民族構成が組み合わされた地域である。それ以前にも数人のブギス族がすでに住んでいた。先住、新住民の混ざりの地区である。まとまった水田（低地）をもち、丘陵の窪地に水田が点在する。また北に丘陵地を控え、カシューナッツのエステートが広がる。村長は旧家の後継者であり、また入植者は村長の親から土地を譲ってもらったため、村長の権限は絶対的なものがある。水利に難点があり、乾期の水問題の解決が必要とされる。したがって飲料水確保にも問題がある。

・キヤエヤ村（トラキ語で美しい村の意）
トラキ、ブギスの中心農村で、パランガ村と同様の条件である（以前は同じ村であった）。小丘陵地帯の畑作と、窪地・小河川によって作られた水田が耕地の代表である。村長は女性で、パランガ村長とは従姉妹にあたり、この地域の旧家の家系に属す。

・ラロバオ村（トラキ語でロタンヤシ（籐）の多いところの意）
先住民のトラキ族だけからなる村で、水田耕作を数回やっただけの、水田栽培の経験の少ない村である。東側に丘陵地をもち、道を挟んで西側には河川流域に低地が広がる。農民は畑作（陸稲、トウモロコシ等）、サゴなどで生活している。昔はロタンヤシの蔓の切り出しで収入を得ていたが、今ではほとんど生産ができなくなった。この村は、1979年に小さな部落（dusun）3つが合併してできた。

・ラプル村（ラプル川由来。トラキ語で短く川を切るの意）
先住民のトラキ族と、古くからスポンタン（自主的移住）で入植しているボネからのブギス族、そしてマサカル、バリ、および1世帯のジャワ族から成る村である。とくにブギス族はティナンゲアに早くから移住しており、漁業、水田を営んでいる。この地の先住民は、以前は畑作とサゴ農業で生活していた。畑作としては、陸稲を中心にトウモロコシ、野菜を作っていた。水田はなく、オランダが水稲の種子を配布しても食用にしてしまったという歴史をもつ。1981～82年にバリからの入植者が近くで水田を開いたこともあり、今の村長の指導で1985～86年にかけて池の築造を行った。この作業はトラキ、ブギ、ジャワ族で混成されており、ゴトンロヨン・スワダヤ（相互扶助・自助活動）が行われた。後になって労働省の補助金を得た。現在は、水田、畑作、エステートが多く見られる地区である。前述の農民の他に、漁民としてのワジョ族の70世帯が主に海上生活を行っていて、農民グループは形成されていない。村の入口に、1981年から5年間ベルギーのプロジェクトで畜産開発を行ったセンター跡がある。現在は建物だけが残っている。

・オネウィラ村（トラキ語で白い土の意）

ラノメト村に隣接する村で、やはり湿地が広がる。現在、サゴヤシ林の中に十数haの水田ができているだけである。雨期には全面が水に浸かる。白い土といわれるように湿地であるが、乾くと白い土が現れる湿地特有の土である。そのため農地開発には湿地の排水改良が必要となるが、抜きすぎると灌漑の必要性が出てくる。また保水力も弱く、有機質が少ないので肥料を必要とする。この村はトラキ族（村民の98％）からなる村で、わずかにブギス、ムナ、ブトン、南スラウェシの人が入っている。全世帯数163戸、人口800人からなる小さい村である。またサゴヤシ林がまだ残る、水田の開発可能地を多く残した村である。住民はやや小高い道沿いに住んでいる。

・ラエヤ村（ラエヤ川からの由来）

トラキ語でラ（La）は存在する、エヤ（eya）は細切れを意味するが、ラエヤとしての意味はない。むしろラエヤ郡の意味はイネヤ（inea：ヤシの一種）の木があるところという意味であり、郡長所在村のポンガルク（Ponggaluku）村はココナツの木という意である。

割と大きな川沿いに開けた村であり、村の中心部には水田は発達しておらず、サゴヤシ林、畑地（トウモロコシ、陸稲、大豆、キュウリ）、荒れ地が多く、エステート作物（ココナッツ、カカオ、カシューナッツ）、畜産の開発の潜在能力が高い。村はずれに家畜市場をもち、この周辺は家畜の売買の中心となっている。村民はほとんど先住民のトラキ族であるが、1982年に南スラウェシのシンジャイ村からブギス族がスポンタン（自主的移民）として入植し、今では約10％を占めるようになった（1993年現在、トラキ230世帯、ブギス31世帯）。村民の主食はサゴと米である。これらは共に村では十分生産されないため、トウモロコシ等の生産物を売って、主食を買っている。

・サブラコア村（トラキ語でサブは場所、ラコアは中継、つまり中継所の意）

もともとは森の広がる土地で、ムナ族、南トラキ族がコラカまたは北へ移動する時に中継地として通った場所である。当時この村は4つの部落（dusun）に分けられていて、将来それぞれ独立した村になる可能性をもっていた。中でもワトワト地区は、すでに村長代理を置いていた。プロジェクト終了後、ワトワト村として分離したこれらの4地区は、次のとおりである。

(1) サブラコア中心部：村事務所、学校等があり、トラキが中心である。
(2) ワトワト地区：村の入り口の地区でトラキが中心である。
(3) サブラコアⅠ：国営入植地で150世帯が入植3年目を迎えている。
(4) サブラコアⅡ：Ⅰ同様国営入植地である。150世帯の入植。

写真５－１　クンダリのトラキの家

旧部落の住民はほとんど先住民のトラキ族である。この村で国家移住計画が実施されたために、村の区分が変わりつつあり、プロジェクト終了後は2村となった。このため、当プロジェクトの対象は旧部落のワトワト地区となった。この地区は丘陵地帯で、住民は１９６世帯すべてトラキ族である。最近、25世帯のノギス族が住み始めているが、公式にはまだ数えられていない。このトラキ族の農業は、サゴからの澱粉抽出、カシューナッツ栽培、焼畑のトウモロコシ、陸稲、大豆の栽培が主である。また水田については、湧水のある河川からの導水により小規模灌漑が可能であり、水田の開墾がわずかながらも独自に進み出している。サブラコア村全体の世帯数は旧部落３２０世帯で、移住地２地

写真５－２　ウナハのトラキの家と父子

区で３００世帯となっている。移住地の入植者は一地区１５０世帯で、その内30世帯は地元の人を入植させている。サブラコアＩの場合、ジャワ80世帯、バリ40世帯、トラキ30世帯と入植しており、ブギス15世帯が別途直接土地を買って独自に入植している。ここの入植地は丘陵地帯で、水田はない。

開発、援助手法の参加型開発とは

今まで農業プロジェクトが実施された中で、技術の定着による農業生産増大という課題は常に上位目標となっている。しかしこの目標を達成するためには、生産者である農民が問題意識をもたなければならない。この意味を解した上で農民が開発に参加し、自らの考えで実行することに納得することで持続的に開発が進められることになる。これが参加開発のコンセプトである。

開発事業を進める上で、開発における住民参加とは、誰が、何に、どのくらい参加すれば参加型というのか定義するのは難しい。最良の参加型とは、農民1人ひとりが開発事業に取り組み、参加できる状態になることである。しかしながら、村の開発の最終決定者は誰なのか。これは行政的な立場では村長であり、時には郡長であろう。しかし先に述べたように、彼らが住民の意見を反映しているかといえば、必ずしもそうでない場合がある。伝統的社会ではすでに、民主的かの如何にかかわらず、1つの社会構造が形成されて秩序が保たれている。これを封建的であるとか、非民主的、非合理的であるとかいって、民主化と称して破壊してまでも、急速に新しい社会、組織を導入することは農民の意思と反することもある。ただし、入植地のように新しい社会が形成されるところは別である。農民グループ会議が開催されても形式的な合意をとるだけのものになりやすい。労働奉仕という名目で住民が建設開発等に参加しても、それが強制的か自主的かで大きな違いがある。第三者の援助者は、村人がほとんど参加しているからそれでよいとしてしまう例が多い。真の住民参加とは、それぞれに利益が渡っていなければありえない。とくに水田を主体とした村は、伝統的に水管理組合が発達しており、昔から水を媒介としての組織化による共同体制ができていた。しかし、それ以外の作物の場合は、このような組織が形成されることは少ない。共通の利益となる仕事としては、よくある例としての集団出荷等に見られる。またインドネシアで一般にいわれている持ち回り共同作業（アリサンテナガ）、水田の田植え等の作業、また畑作農民の播種、焼畑民の焼畑作り等はこの共同作業がベースとなっている。しかし、新しい作付け体系を導入したり、新規開田・開畑をしたりする場合、はたして住民参加がありえるのであろうかという疑問が残る。一般的に農業開発を国家事業として実施する場合、とくに国家予算で全面実施する場合、住民と国家の認識の差が大となり、民意が反映されにくく住民参加型開発は難しい。事業が国家的であればあるほど、より農民から遠い事業となる傾向にある。事業が州レベル、県、郡、村と下がるのに従って、より農民に親しみやすくなり、農民レベルの事業に近づいてくる。事業が上位になれば農民から遠くなり、参加型開発の実施が低下するという反比例の関係ができあがる。

村の組織の現況

技術を受け入れる側の状況で重要な点は、人の問題である。その中でも一単位として村の集団を理解しなければならない。プロジェクト地域には、先住民であるトラキ族がいる。この先住民トラキ族の組織は、モコレと呼ばれる王によって統一されていた。そのもとで王（モコレ）の親族であるプトブと呼ばれる郡長が郡を治め、またトゥォモトウと呼ばれる村長に当たる人が村人の中から選ばれて、王から任命を受けた。そしてパビタラ、ポスドの2人が補佐役として村の中を動き、情報収集、冠婚葬祭のアレンジを行っていた。この組織系統は現在の新しい体制になっても生かされており、郡長は知事の任命によって派遣され、郡（ケチャマタン）を治めている。郡には約10の村（デサ）があり、郡内の中心的な村（この場合〝デサ〟と呼ばず、〝クルラハン〟として分ける）ではデサルーラと呼ばれる知事から任命された村長が立ち、他の村は互選ではあるが村民から選ばれた人がクパラデサと呼ばれる村長になっている。村内は大字、小字、隣組に分かれ、隣組は20世帯前後の集団としている。また女性グループについても、ダサウイズマという女性隣組（十人組）を形成している。これらの制度は、旧日本軍によってもたらされた考え方であるとされている。また村の中には任意の組織が多く存在するが、農業関係では農民グループが基本単位となる。通常、耕地（水田）の所有者の固まりでグループ分けが行われている。国が村の開発に補助を行う場合、行政的指導で村落保全委員会（L K M D）が予算をもらい村の開発事業に当てている。また郡には1人、内務省村落開発庁（ＢＡＮＧＤＥＳ）の仕事を行っている人がいる。これは、内務省予算を使用し村落開発を行うものである。しかしながら予算は少ないため、大きな事業は実施できない。もし村全体規模であって大掛かりなものであれば、公共事業省で州、県レベル事業として実施される。したがって住民参加の開発は、このＢＡＮＧＤＥＳ、ＬＫＭＤレベルで行われるものとなる。しかしトップダウンの形になりやすい。つまり予算をにぎる官僚から下（村）への強制開発となりやすい。そして紐付きの予算でないとしても、村の上のレベルで会計的に処理されて、不明瞭な点が多く残ることもあり、透明性に欠点がある。

クンダリの郡、村の組織については、図表5―2を参照されたい。旧体制の中では、収穫物の徴収が王によってなされていた。しかしこれは村を平等に保つための方式でもあった。徴収物の一部は接待用に使われ、また病人や未亡人等に配られた。現在はこの制度はなくなり、すべて税として国に納められる新しい制度となった。このため、近代社会では村の福祉に関する部分が非常に弱くなっている。これは物々交換経済から貨幣経済へと移行する過程の矛盾とも重なる。村の流通はほとんど週に一度の青空市で行われる。ここにはまだ物々交換も残っており、貨幣経済価値だけの流れでないのが現状である。急激な貨

図表５－２　クンダリ地域の郡，村の行政構図

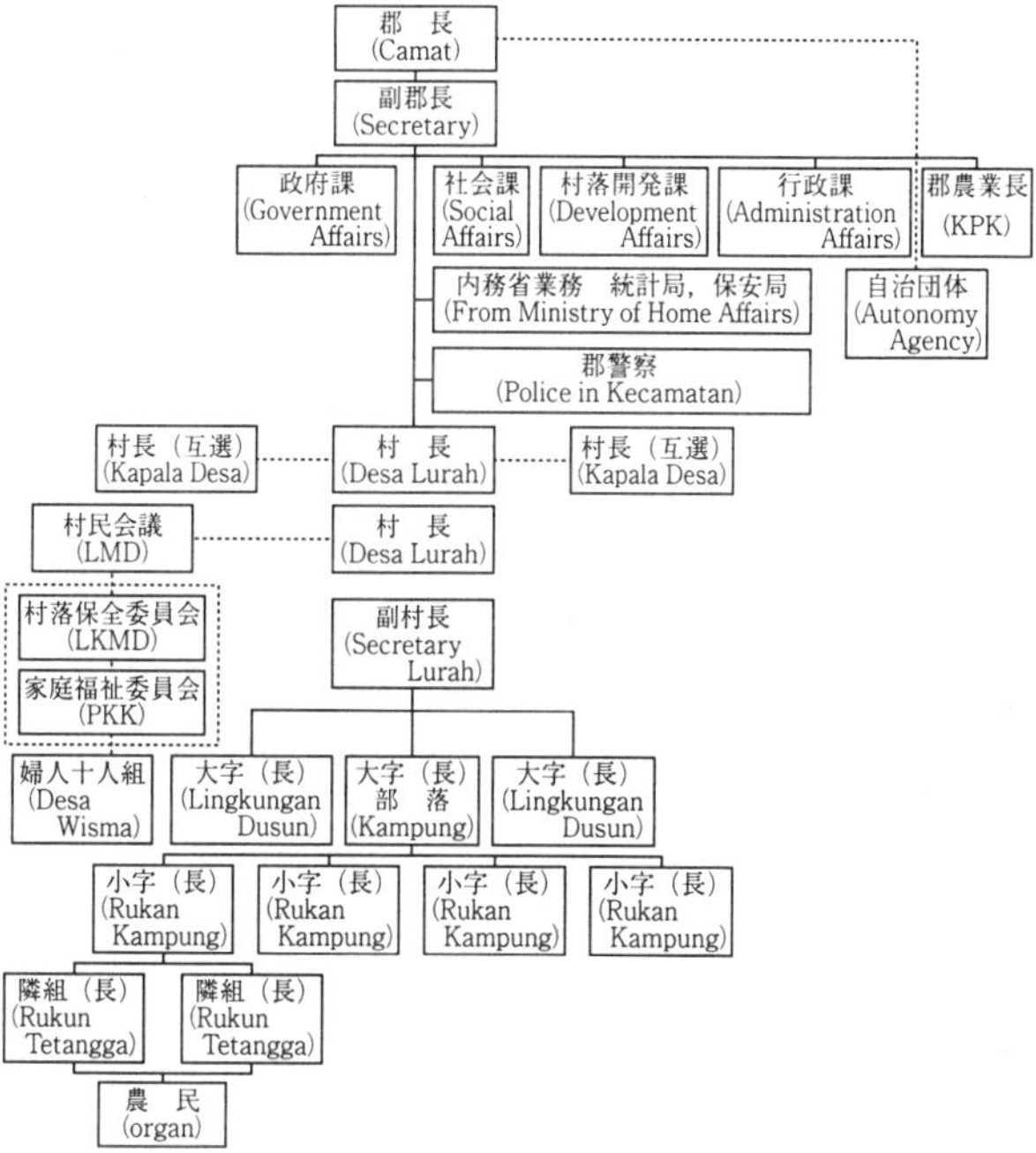

幣経済導入は人々に価値観の混乱を引き起こし、貧富の差を拡大するため、物々交換の経済社会から貨幣経済社会への緩やかな移行が必要と考える。近代貨幣経済のゆがみが農村部の貧困を作っているともいえるのである。

村開発のリーダーとは

住民・農民参加型による村開発を進めるにあたっては、農民白身による自主的な活動が望まれる

ところであるが、これは必ずしもどこの地域でもできるものではない。やはり開発を実施していくためには、核になる人物が必要となる。これが通常リーダーと呼ばれる人である。またこの人が政策系列の上位に進み過ぎてしまえば、国家・行政的な指導者となり、開発はトップダウンになりやすい。1990年代の南東スラウェシでは上記した伝統社会と近代社会が混在していたが、いかなる人がリーダーとして事業を進めていくのにふさわしいのか、またなりうるのかを知る必要がある。当時の村社会の行政的機構での末端活動は、村長を中心に動いている。村長には県知事が任命する村長と、村民の互選によって選ばれる村長との2形態があることはすでに述べた。村長の上部行政組織は郡長となり、県知事の任命によるもので、中央集権型の行政組織における底辺部の役割を果たしている。したがって村の開発は、村長抜きでは進められない。そのため村長の考え、力量によって村の開発は変わる。そして村長が民意を解している場合と、権力で抑えている場合とでは開発の考え方が異なる。

村の構成メンバーの違いによる開発の相違

農業開発を考える場合、村の形態を考慮する必要がある。従来は地理的、自然的条件のみで開発計画を作成してきた。このプロジェクトでは、村々の農民の民族構成が異なることがわかり、地域、民族による農業の違いを考慮した形で開発を進めることが、農民参加型の開発では必要である。とくに農業は伝統的技術を代々継承してきているもので、学校、訓練所等のないところでは新しい技術は入りにくい。南東スラウェシ州のプロジェクトのように、移住者が流れ込んでいる地域では、この民族に受け継がれている農業を考慮し、適切な導入技術を普及させる必要がある。そこで、対象村の農民の民族構成を調べた。これを図表5—3で示した。この調査結果をもとに、民族を考慮した手法について、本プロジェクトの例を通して考察してみる。プロジェクト対象村の民族構成を分類すると次のようになる。

＊先住民の村：ラロバオ、サブラコア、オネウィラ
＊移住民と先住民の混在（住み分け型／2民族）：キヤエヤ、パランガ、ラエヤ
＊移住民と先住民の混在（完全混合型／多民族）：ラノメト、ラプル

それでは、この分類にしたがった適切な開発方法がないか考察する。

(1)　先住民の村

この村の技術移転は、栽培農業の基礎から教えることである。この村は、上記したよう

図表5－3　関係した村の民族構成

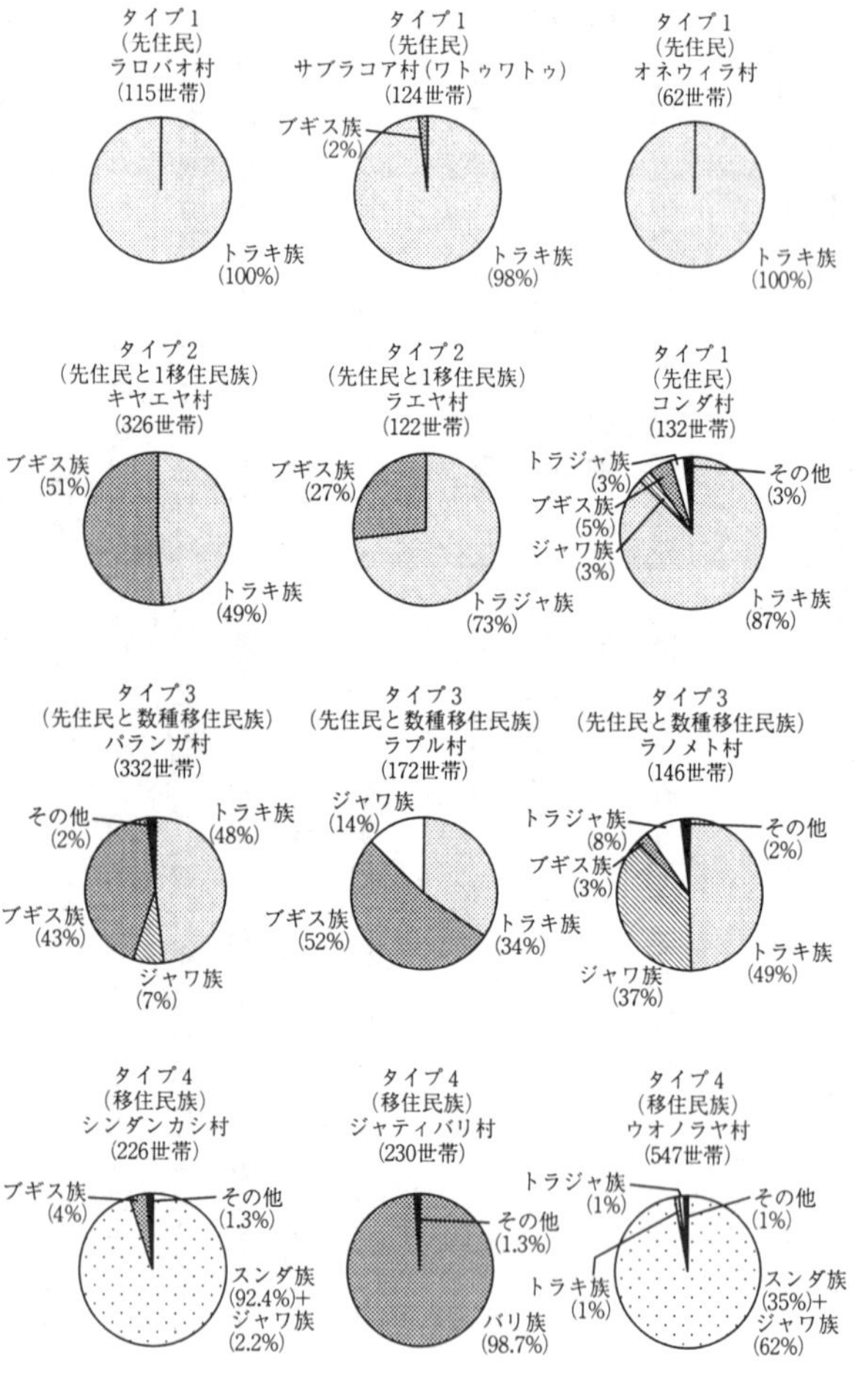

に伝統的農業が今も営まれている。焼畑における陸稲栽培とサゴ澱粉抽出が、自給生活を行っていく基本生活体系である。これに赤砂糖作り、木材（ロタンも含む）切り出し、蜂蜜採集等の副収入源を得ていたのが、今まで維持されてきた営農体系である。しかし移動式焼畑の禁止に伴い陸稲の生産は少なくなり、またサゴは切り出しが多く年々数が減っている。この状況で農民は水田での水稲栽培を望む者が多いが、未経験と資金不足で必ずしもうまく転換できていない。そこで、プロジェクトは水田の基盤作り、農民に対する水稲栽培を中心とした新しい基本的営農についての訓練、研修を行うことを主体的活動とした。また水田だけに限らず、カカオ等のエステート作物の栽培、トウモロコシの栽培もすでに導入が図られており、比較的受け入れやすいもので、この基本的栽培についても指導することが重要であるとした。プロジェクトとしては、栽培するという基本的な技術を理解させ、普及させることが重要であると考えた。

(2)　移住民と先住民の混在（住み分け型／2民族）

ここで問題となるのは、伝統的に農業技術（とくに水田技術）をもった移住者と先住民の農耕未経験農民との格差である。どうしても移住者の方が活動は活発であり、パイオニア精神が強い。これに比べ先住民は保守的で楽観的である。したがって両者の差は広がっていくことになる。ここで考えられる農業技術移転方式として、移住者の技術をいかに村の中に取り入れていけるかであった。それには移住民、先住民の交流を活性化させる必要があると思われた。できれば1つの事業を共同作業として、両民族を混ぜて行うことが有効であると考えた。そこでプロジェクトは、双方に有益になるものを開発計画に盛り込むべきであるとの計画を作成した。例えば農道等の公共施設工事である。いずれにしても村長には先住民がなる場合が多く、彼や村をリードしていく人の考え方や、彼らの農耕技術に対する興味によって、かなり開発の方向が左右されることがわかった。

(3)　移住民と先住民の混在（完全混合型／多民族）

この区分の村では、既存の農業技術を見て判断すると、ある程度技術が進んでいて、農法も多種にわたっていることがわかった。しかしながら、開発の障害となっているのは資金の確保である。とくに民族が多い場合、完全に融和したといってもやはり民族間の隔たりはあり、信用業務、労働奉仕、または持ち回り作業という活動は発達しにくい。インドネシア独特のゴトンロヨンといわれる相互扶助作業よりは、雇用形式の方が優先されてしまう。また先住民の方もそれなりに刺激と多くの技術を移住民族から得ることが可能であるが、しかしながら技術普及に伴い、農業経営に必要な材料、資材がより多く要求されるという問題が出てくる。このためにプロジェクトとしては、肥料、農薬等の購入方法、共同施設の導入等を考慮した開発計画を立てる必要があった。

以上、村の分類を民族の構成の違いから行ったが、先住民トラキ族には水田技術が存在しなかったこと、水稲は他の移住民から影響を受けて取り入れられたことが明らかになった。図表5―4に、村における民族の割合と水田開発率の割合の相関を調べた結果を示した。これによると、村の水田の占める割合は、移住民が多くなればその割合も多くなり、トラキ族が多い村では水田面積は小さくなっているという関係ができた。これは相関係数r＝0.7865*と、相関のあることが示された。プロジェクトサイトのあるクンダリ県では、陸稲とサゴ農業から水田農業へと転換が進んでいる。したがってプロジェクトとしては、水田導入が1つの発展した農業として受けとめることができる。

しかしプロジェクトとしての問題は、すべて時間経過と関係する。村の農業開発を考えた場合、どこまでをターゲットにするかは難しい問題である。社会をどう変えるかにもか

図表５－４　村の先住民族の割合と水田耕作率

グループ名	村　名	主要構成民族（％）		水田率（％）
先住民の村	ラロバオ	トラキ	100	0
	サブラコア	トラキ	98	0
	オネウィラ	トラキ	100	14
移住民と先住民（２民族住み分け）	パランガ	トラキ ブギス	47 43	17
	キアエア	トラキ ブギス	49 51	25
	ラエヤ	トラキ	73	35
移住民と先住民（多民族混在）	ラプル	トラキ ブギス バ　リ	34 53 13	67
	ラノメト	トラキ ジャワ トラジャ ブギス	49 37 8 3	54

備考：１）ラロバオ村は28.6％の水田を有するが，実際の水稲は実施していない。
２）水田率とトラキ族在住率の相関関係はｒ＝0.79（５％水準で有意）で相関が認められる。

かるし、変わった社会に技術をどう対応させるかも課題となる。栽培技術の未経験者の多い社会は習慣としての技術の取り込みの固定化も少ないため、やはり訓練と次世代への対応を考慮した処置が必要となると想定した。

プロジェクト実施における参加型開発と持続性（sustainability）のための工夫

海外の開発プロジェクトの援助は、日本（先進国）から物と人を合わせた協力が一般的である。つまり資機材の援助と同時に、専門家の派遣によって技術移転を行うものである。しかしながらこの形では、プロジェクト協力が終了すると元に戻ってしまうケースが多い。プロジェクト協力がより有効的に持続される方法が求められており、現地に根付く協力が必要とされている。そこで持続性を期待する活動を導入した。

以前は、発展途上国に対する協力であると、物を供与して訓練して、それで終了としていた例が多く、例えばモデル農場、訓練センター等のプロジェクトでもそうであったが、農民に技術を訓練させて村に帰しても、村には資機材がない。また、資機材があったとしても故障したり、消耗したりしてしまえば、それで終わってしまう場合が多い。計画では予定通り技術移転したが、技術が根付かず、持続性がない。また無償援助（ODA食料増産援助のケネディ・ラウンド2ファンド：KR2資金）で村に機械が導入された場合でも、操作については十分に指導される。しかし、管理や修理について上手に行われた例は少ない。農民自身での修理は難しく、故障した場合などには村に修理屋もなければ部品屋もなく、ボルト1本なくて機械が止まっている例が多い。

農業は作物を栽培することであり、これには植えるための道具が必要である。規模が大きくなれば機械が必要となる。道具なくして作物は作れないのである。この道具、機械を使うのには技術が必要となる。農作物と栽培道具・農具の2つの要素が、栽培では重要となる。これらが確保されなければ事は進まない。したがって、これらの確保が農業維持の必須要素となる。つまり、人間（農民）が道具を使う技術として訓練、研修があり、農民が道具、機械を買うための資金が必要であり、この作業（耕作）を持続させるために管理、修理をサポートするシステムが必要である。この3要素を有機的に結びつけることが、農業開発における持続型農業の基本を示すものと考えた。これに従って実施したプロジェクト活動を3要素の視点で整理した。

(1) 農民研修

プロジェクトでは、農民研修は農業指導者に当たる農業普及員や政府関係職員の研修と同様に、農民に対する直接研修として農村にあるグループを中心に農民研修プログラムが組まれた。研修全体のプログラムは、以下の通りである。

① 農業、農村開発計画研修

a、農業、農村開発計画セミナー　b、農地造成コース　c、農業機械操作、整備コース

② 営農計画および栽培
a、水稲栽培コース　b、畑作栽培コース　c、エステート作物コース　d、多角的集約的営農（畜産も含む）　e、水管理
③ 農民組織
a、組織強化　b、農村婦人組織強化　c、農村生活向上
④ その他プロジェクト支援強化
a、農民若年層研修　b、農業技術未熟農家研修　c、農業祭　d、州外先進地視察研修

ここで実施したプログラムは一般的なものであるが、現場における農村開発の担い手の育成を重視して計画された。そのために「次世代を担う若者に対する研修」「収量が少なく、技術習得の機会の少ない小農などの技術未熟農家研修」「村の活性化を狙いとした農業祭」などを計画したのが特徴的となっていた。また村の生活向上を考える婦人参加の研修も取り入れて、村民全員参加型研修を目指した結果、1村延べ500人以上の参加があった。しかし農民レベルの研修であるため、学校とは異なる、より実践的な研修である必

要がある。作物栽培であれば1作自分で栽培し、具体的な方法を学ぶ必要がある。水管理等であれば実際に水管理方法を経験して、すぐ実践で使えるようにといった、すぐに役に立つものでなくてはならない。そのためにも、日本で取り入れられたデンマーク式国民高等学校がもととなる、農民高等学校のような教育、訓練が有効である。インドネシアにもこのような教育機関、学校がある。プロジェクト対象村のキヤエヤ村には、スマトラ島のブキットバウ町にあるインドネシアでも有名な農業実践高等学校の卒業生がいて、村で活躍していることからも、この効果がうかがえる。また現場の役人には、大学の実科のような形式でより実習を重んじた教育を受けさせる、いわゆる実地研修生としての教育も必要である。

(2) 農具、機械の購入と維持体制

農具にしろ、農業機械にしろ、それらの購入は農民にとっては資金的負担のかかる部分である。道具であれば比較的安いが、機械となると多額な資金が必要となる。これについては、共同購入、グループ購入、資金融資等が一般的に採られる方法である。最も効果的な方法は、グループ購入でメンバーが共同出資により機械の購入を行い、これを通して貸し出し事業を行うとする考え方である。村の農業開発促進のために、プロジェクトが食料増産援助（KR2資金）と呼ばれる資金を用いて必要な機材類を供与することはよく行われる援助手法である。農民に対しては安い価格で配布することになるが、国によっては無償であったりする。このプロジェクトでは、村に対して無償で農業機械類を供与することにした。しかしこの配布した機械が壊れてそのままとなってしまっては、持続的なプロジェクト運営は難しい。そこで持続的な投資効果をねらいとして、農民・使用者に機械類を有償で貸し出し、売上金を運営費、修理費、減価償却費、また一部を貯蓄させる資金積立制度を導入した。この利益により、さらに追加の機械購入が可能となったのである。この資金積み立て方式をストックファンド・システムと称した。

(3)　村の機械修理員の育成とその機械修理制度

事業を伴うプロジェクトを実施していく場合、問題となるのは技術者の確保である。とくに技術者の地位が低い社会の場合、また事務所に技術者がいない場合など、彼らの確保が重要となってくる。プロジェクトでよく見受けられるパターンとして、次のようなケースが多い。

① カウンターパートは手をよごさない（実質的な修理ができない）。
② 技術を身につけると職を変えてしまう。
③ 技術者の数が少なく確保が難しい。
また本プロジェクトでも次のような問題があった。
① 本プロジェクトでは、各農業事業をコーディネートする地域事務所に属するため、独自の機械技術者をもっていない。
② カウンターパートは高学歴のために、自分から手を出さず監督が主体となる。技術を学んで、身につけるとすぐに待遇のよい方に転職してしまう。
③ プロジェクトを動かす人材の中で、現場・実地の経験だけの者は責任者にはなれない。

このような状況で、村に配布した機械の修理をすべて専門家とカウンターパートで管理することはできない。むろん、配布した機械は村の責任において管理、運営し、修理するのが建前であるが、村としては人的にも物的にもまだ修理するまでの条件は揃えていない。したがってプロジェクトがフォローしなければ、すぐに無償で導入した機械類は使えなくなってしまう。そこで実施したのが、村の機械修理員の育成である。この制度はプロジェクトで1カ月の修理作業をカウンターパートと専門家とともに実施し、プロジェクトでもっている機械類のすべてを修理研修の対象とする。そして研修終了とともに道具箱を携帯させ、村に戻す。研修後、村に戻って村内の機械修理事業に参加することを条件にした。機械の修理の要請、巡回修理の実績など、実際に活動したことを修理日誌につけさせ、農業普及員に業務報告することも条件にした。これは、供与した機械の状態を知るのに役立ち、また修理員の責任を確認する上で重要であった。この制度により、村に配布したプロジェクトの供与機材の管理が可能となり、また修理に必要な経費は貸し出し利益の修理費から支払えばよいことになる。ただ大きな故障やパーツの入手にはプロジェクトがサポートするが、基本は独立採算で行うとした（写真5―3・4・5　研修を受けた村の機械修理員とワークショップ）。

農業開発を考えた場合、プロジェクトが物的に整備され、動かせるだけでなくさらにうまく運営され、プロジェクト効果が持続されてこそ、プロジェクト本来の姿となる。従来、プロジェクト事業は施設を作り、機材を配置してしまえば終わりであるという方法であっ

写真５－３　研修を受けた村の機械修理員とワークショップ

たが、さらにこれらを使えるようにするための研修が取り入れられた。しかしながらこれだけでは開発を維持させることは不十分である。そのために本プロジェクトでは、投入した施設、機材の運用を考慮した研修だけに限らず、これらの施設、機材を管理、修理するシステムを導入した。このため、村から選ばれた農民を機械修理員として育成し、村に配置したのである。また機械類の修理、更新のためにストックファンド・システムを導入した。これらを総合したシステムをＭ３システムと呼ぶことにし、村の農業開発の維持を目指すのに必要な要素とした。Ｍ３システムとは、持続活動要素の英語の頭文字を取ったもので、次の３つの要素となる。

写真５－４　若者グループによる耕運機による田起こし

写真５－５　プロジェクトが供与した精米所

Man ability　人材の育成（人・農民の訓練）
Monetary fund　資金の確保（資機材を維持するための資金積立の導入）
Management system　管理体制の導入（村の機材修理員の育成）

この方法は、開発に投入された資材、機材を有効に活用することを可能にするものであり、実際にこの考え方に基づき南東スラウェシ州で実施して、農業農村開発プロジェクトの活動にインパクトを与えた。

プロジェクト持続性に農業発展過程を考慮する必要性

この地方の農業は確実に変化している。焼畑とサゴ採取農業が営まれ、陸稲、サゴヤシ、トウモロコシ、キャッサバなどが栽培されていた。ここに水稲栽培が導入された。水稲栽培は、伝統社会に新しい社会、新しい組織構造を与えることになる。この農業発展過程は、図表5―5のような図式となろう。

もともと島外から導入された水稲栽培は、移住者によって水の便のよい所で栽培されたり、この影響を受けた先住民がわずかな湿地を選び、小規模に栽培したりしていたにすぎない。開墾が進められることにより水田の規模が大きくなると、水管理、苗代、田植え等

図表５－５　農業の発展と社会変化

焼畑 & サゴ農業 = 陸稲　&　サゴ（森の幸）
自給自足の安定的生活
｜（国家的近代化の流れの中での需要）
水稲，永年作物への変化（陸稲，サゴの減少）
｜
経済的変化（貨幣経済システムの発達）
｜
農村社会の変革

の共同作業が必要とされるようになってきた。したがって、農村社会も水田とのつながりへと変化し始めている。そしていくつかの水田導入の発展過程がプロジェクト周辺の村で見られたので、この状況を下記の通り分類することができた。

① まだ水田が導入されていない村（ラロバオ村、サブラコア村）
② 個人の栽培が主となっている村（オネウィラ村、コンダ・ラモメヤ村）
③ 水田の中に秩序が生まれ始めた村（ラノメト村）
④ グループごとにまとまりができている村（パランガ村、キヤエヤ村、ラプル村）
⑤ 移住者による水田が発達している村（シンダンカシ村、ジャティバリ村）

プロジェクト目標の１つは「技術は農村社会に受け入

れられるものでなければならない」ということである。このことは、半乾燥地の農業であろうと、湿潤地の農業であろうと普遍的なものである。しかし、農村社会がこの技術を受け入れ可能な体制になっているかは大きな問題である。農業発展過程から次のステージの農業を考えた適切な技術の選択が本来の技術移転であり、農業普及の鍵となる。そこで、サゴヤシ農村から水稲栽培農業に移る際の農村社会の条件を考えることにする。

対象村の開発事例から農村開発を考える

いままで述べてきたプロジェクトの活動概要から、さらに詳細な農村開発について、対象村の事例を通して開発の意義を考えることにする。調査は、1991年のプロジェクト開始時に実施した調査をもとに、農村の現状がどのようになっているのか、農民がどのような活動を行っているのかなど、プロジェクトの実施を通して得られた結果が農村開発として機能するかを考えることができた。調査は、プロジェクト実施中にも適宜実施した。

水稲栽培の現状の調査

プロジェクトが目標としている水稲栽培の導入、技術の向上に対して、現況の分析をする必要がある。そこで、対象村とその周辺の村における水稲栽培の現状を調査、分析した。水稲の収量データについては毎年、農業省で収量、栽培面積、反収が集計されて、村レベルから郡、県、州レベルのセンサスとして統計資料となっている。州農業局から毎年農業統計が出され、各村の収量も記載されている。しかし、農民グループ、農民個人の収量についてては記載がない。また、統計に出されている収量については、「坪刈り」と呼ばれる1坪の収量をサンプリングして全体の収量を計算することになっている。普及所の倉庫には日本から援助された「坪刈り」用の調査機材があるのを確認したが、壊れたり、使っていなかったりして埃にまみれていたので、この手法によるサンプリングの実施は不明である。インドネシア独自のサンプリング方法もあるが、現場で収量調査を行っているところも見たことがない。したがって、どのように収量を出すのかこれも不明である。このようなことは、他の途上国の場合でも類似している。データを集めるのは農業省の農業普及員が担当する場合が多いが、別途収量調査員を立てている国もある。しかしながら、現状は前年度の作柄を目安として本年度の収量を割り出す場合が多く、不透明さがある。ある場合には、調査員が郡の収量を報告したところ、昨年より収量が低いということであったが、統計で見たデータは右肩上がりに変わっていたこともあったという。そこで、プロジェク

図表5－6　クンダリ県の村の水稲収量調査結果

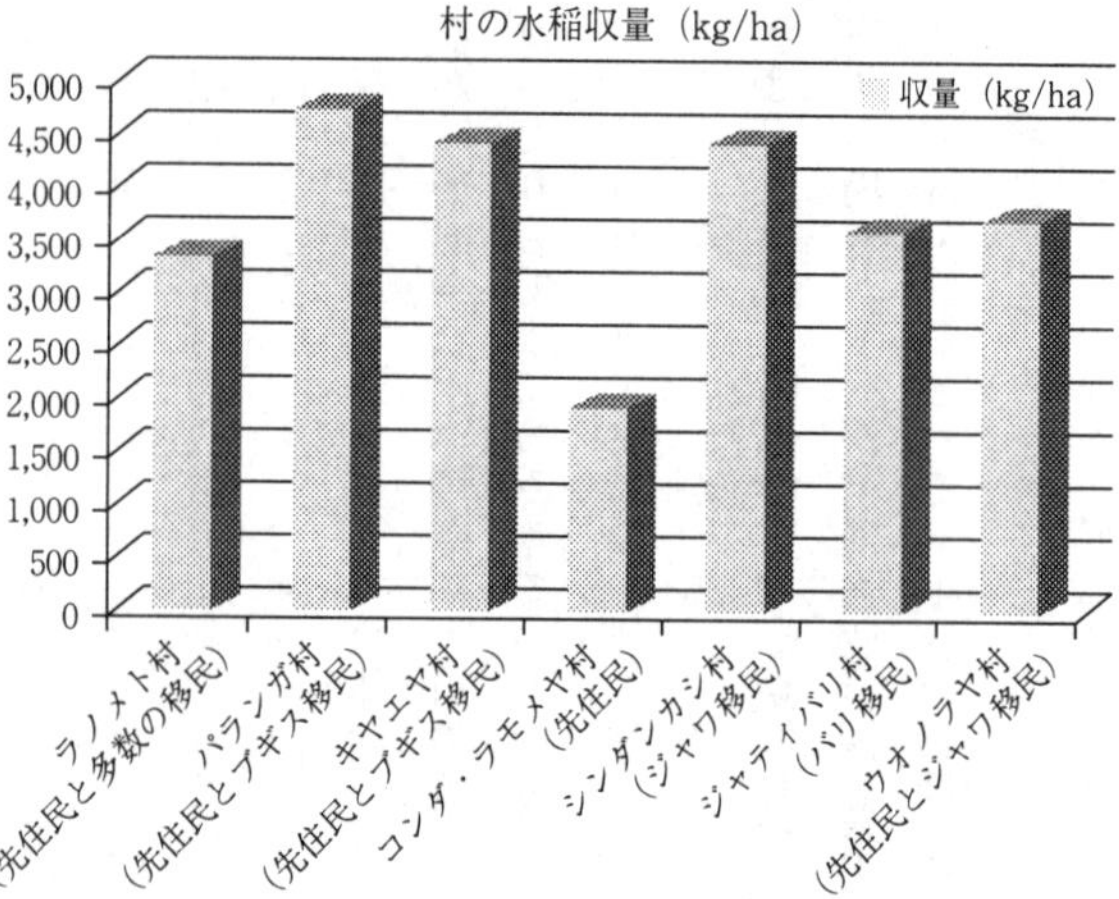

ト開始と同時に、自ら村の水稲収量を水田圃場でサンプリングを行うことで正確なデータを取ることにした。

このデータを分析すると、興味深い村の傾向が出た。これは次の通りである。

図表5―6に、7村の平均収量を示した。これから明らかになったのは、1村のコンダ・ラモメヤ村だけが1・8t／haと他の村に比べ収量が低い。そして、他の6村の収量は3―4t／haと高く、これらの村の収量には有意差は認められない。このデータからどのようなことがいえるのか、専門家と農業省職員とで話し合い、次の結論を得た。

①　コンダ・ラモメヤ村だけが先住民だけ

の村である。

② ラノメト村、パランガ村、キヤエヤ村は、先住民と移住民が混在している村である。

③ シンダンカシ村、ジャティバリ村、ウオノラヤ村は、ジャワ、ブギス、バリの移住者の村であった。

このことから、村に移住民がいれば水稲の収量はそれなりに高く、先住民だけの村では収量が低いということになる。つまり村に水稲栽培を経験している人・民族がいれば、ある程度の収量が得られるのではないかとの結論を得た。

そこで東南アジアの水稲栽培との関連から、プロジェクトにおける栽培技術を考えることにする。

水稲栽培における技術とは

水稲栽培は以前から地域に根付いているが、基本体系は同じでも、地域による適応形態がある。また、時代、資機材の発達で技術も変わってくる。そこで、水稲栽培の個々の技術の形態について紹介する。しかし、実際は個々の技術が複合されている場合が多く、1

つの技術が変わることにより関連技術も変わることになる。ここではＯＤＡ技術協力を通して、東南アジアでの一般的な水稲栽培と、プロジェクトで実施した技術について要点を整理することにした。

(1) 開田作業

まず、新規に水田を開墾する必要のある時は、水利のよいところを選ぶ必要がある。サゴヤシ林は湿地であることが多く、排水を考えなくてはならない。また、降雨が少なく、大きな河川をもたないところでは小規模な水田にならざるを得ない。このプロジェクトの周辺の村で興味のあることは、稲作を行うバリやジャワの移住者が入植地として水田を作るところの多くが、小丘あるいは森を背後に有している場合が多い。これは水の安定した確保ができるところを選んでいるからであり、伝統技術の１つといえるであろう。

開田の方法で機械のない場合、人海作業となる。山刀１つで開墾に入る。ブギス族が新地で開田を行う場合、住んでいた村から若者を含む移民有志グループが出るときは、一握りのトウモロコシを袋に入れてもっていくだけであったという。そして未開の入植地ですぐにトウモロコシを植えて自分たちの食料を確保して、本格的な開墾にあたるというパイオニア精神で進めていくものであった。このことはまさに必要性からくる行動ということになる。最近、国家移住地はショベルカー、ブルドーザーなどの大型機械が導入されて、容易に開墾が行われるようになった。

(2) 耕起、耕運、整地作業

水稲栽培の最初は田起こしである。この作業が栽培のはじめであり、ここで水稲栽培をやるかやらないかを決定する。粗起こしから整地まで行うことになる。小さな水田であれば鍬などを使い人手で行うこともあるが、インドネシアでは牛耕が一般的である。ジャワの平坦地では牛の二頭引きで作業を行うが、スマトラ島や山岳地域では一頭引きで行っている。また水牛も使用され、トラジャ地域では重要な家畜となっている。現在ではハンドトラクターが最も一般的となっており、この需要が多い。また、四輪トラクターは大規模水田地域ですでに使われているが、一般的にはまだ普及は少ない。この作業における技術の進歩は、畜力農具からハンドトラクターなどの機械化が図られたかである。一方、機械化は農民にとって魅力であるが、値段が高く、かつ操作、管理技術が大変であるという問題がある。ジャワなどで取られる方法として、ハンドトラクターをグループで購入して、メンバーの中から機械を操作、管理する人を訓練し、メンバーの水田を耕起する方法がとられる。機械化を導入する場合、機械操作技術、管理技術、修理技術が主な技術となる。

(3) 播種、育苗、苗代

水田整地の後は種まき、育苗となる。苗代は畑地で行う陸苗代や、水田で行う水苗代があるが、これらは地域によって異なる。問題となる技術は健全な苗が供給できるかであり、そのための管理技術が必要である。種子は優良種子として育成されたものを使うように指導することになる。「緑の革命」で高収量品種の供給システムができ上がった国では、容易に農民まで目的物が届くが、種子の供給量が十分でない点に問題が残っている。ただ、熱帯アジアの場合、大きくなった苗も使う場合が多い。これは水田の整地が十分でなく、均等に水が張れないために、大きな苗の使用で活着の安全性を得るためでもある。また、水田に十分に水がない場合、水が得られるまで待つために、苗がすでに育ち過ぎているので、苗の上部を切って大苗を植えることが多い。それでも間に合わない場合は、再度播種して苗を作ることになる。

(4)　田植え

田植えはまだ手植えがほとんどであり、田植機を使用している地域は少ない。したがって田植えは家族で行ったり、地域において共同で行ったり、いわゆる「結」といわれる共同体ができている農村がほとんどである。しかしながら、近年はこれが雇用形態に変わったり、請負システムに変わっている。日本の田植技術は、苗を無操作に植えていたものを、正条植えによる均等な空間配置にして、単位当たりの収量を上げることを目指している。

(5)　直播栽培技術

直接種を播く方法で、伝統的に行っているところもあるが、最近は田植えから直播栽培に移行しているところが多くなっている。これは粗放栽培とすることと、根の張りを強めた植物体を作るという利点があるが、これを行うためには除草をどのように行うかという問題がある。しかし除草剤が普及し始めることで、この栽培を有利にしているが、通常、田植えよりも収量は少ない。

(6)　水管理技術

水稲栽培技術の中でも最も重要な技術が水管理である。現在の水管理技術として、生育の途中で1回水切りを行うと収量が上がるというものである。また、収穫時期も水切りを行う必要がある。このように生育に沿ったきめ細かい水管理技術と、水そのものを確保する灌漑施設の技術がある。灌漑技術は限られた水の配分を田圃ごとに有効に行う技術で、施設管理でもある。また、この水管理は組織として行う必要があり、水利組合また水管理組合と称されているもので、グループ内の水配分、グループ間における水の配分を協議、実行する必要がある。インドネシアでは、古くからジャワを中心とした地域では水利組合が発達していた。バリ島の「スバック」といわれている水管理組合は、ヒンドゥー寺院を中心に水管理組織の強化が図られ、田圃ごとの水調整、水路管理が行われている。

(7)　施肥（肥倍）管理

肥料の使用は、増収の重要な要因である。技術としては適期に肥料をまくこと、適切な種類と量を施すことである。肥料の多くは尿素などの窒素肥料が主体となり、リン酸肥料も重要であるが、自国で生産できるところが少ないので輸入しているところが多く、値段が高くなる。カリ肥料は熱帯ではあまり重視されていないが、複合肥料として取り入れられている。肥料の効果は理解しているが、しかしながら小農民にとっては購入資金が負担となり使用できないことが多く、政府が補助しているところが多い。インドネシアでは独立後、肥料工場の建設が行われたことから、肥料の補助を農民に行ってきた経緯がある。

(8) 除　草

除草技術は、手で行う場合と道具を用いて行う場合とが以前から行われてきた方法である。手押し除草機については地域によって改良が図られ、多少異なるが、土をかき回すという点では共通点がある。したがって除草技術とは、除草のタイミングと道具の使用方法である。しかし近年、除草剤が利用されるようになってきて、除草は容易となった。ただし、経費がかさむことと環境への影響の問題が出てきた。

(9) 病虫、小動物害防除

病虫害防除は被害の原因の同定という技術が必要であるが、熱帯の途上国では専門の同定の技術者は限られている。一般的な病虫害は農業普及員でできるが、それ以外は無視されて、単に消毒をすることで片付けられてしまう。時には、農民は殺虫剤か殺菌剤の区別もつかず消毒することもある。開発途上国の農民レベルでは、識字率が低いために注意書きが読めない場合もあるが、もっと困った例として、輸入された農薬の中身がラベルと異なる場合がある。これは業者による故意の中身の入れ替えである。このようなことは技術移転の不信をまねくことになる。それから病虫害以上に被害の大きいのがネズミの害である。最近、猛禽類、蛇などの天敵が少なくなり、被害は拡大している。この対策には毒餌などを使用することもあるが、他の動物にも被害が出るので使われにくくなっている。罠による捕獲の仕方もあるが、なかなか適切な防除効果がない。また、鳥の被害も大きく、収穫時期になると多くの鳥が集まってくる。これらを完璧に防除することはできず、その場に合った技術を導入する必要がある。

⑽　収穫後技術

収穫における刈り取り、脱穀、精米が一連の技術として重要となる。脱穀、精米の技術をポストハーベスト技術と呼び、小具を使った一連のまとまった技術として扱われる。刈り取りは鎌で行われるが、インドネシアの一部ではアニアニと呼ばれる穂刈り用の指ナイ

写真５－６　アニアニによる陸稲の穂刈り

フ形の道具が現在も使われている（写真5―6参照）。脱穀は、東南アジアの多くの地域で脱粒性の高い品種を使うために、石や板、ゴザの上で藁を敲いて脱穀する。これがさらに発達して、トウミなどの足踏み脱穀機を使っているところもある。日本のように収穫作業が機械化されているところは少ない。さらに乾燥して脱穀になるが、農民が精米機を独自にもつことは少なく、組合や協同でもったり、商売にしたりすることがある。しかし、隔離された農村地域では杵でついたりして精米しているところも依然ある（写真5―7参照）。ここでは石の混ざり、砕米を少なくする技術や、機械化を進めるための技術移転が重要となろう。このように、収穫技術移転は機械化に対応するものとなっている。

写真５－７　陸稲の脱穀

ラノメト村における水稲の生産技術の現状

すでに一般的な水稲栽培技術と収量の関係について述べた。本節では、協力プロジェクト8村のうちラノメト村の農業と農村について詳しく調査し、この村に導入された水稲栽培の実態を取り上げ、生産性の問題と技術移転について考えてみる。ラノメト村はプロジェクトで最初に開発に取りかかった村であり、他の対象村よりもクンダリ市に近く、多様な開発要件を有しているので、プロジェクトの中でもパイオニア的な村となった。

ラノメト村の１９９０年代開発当時の実情

ラノメト村は、クンダリ市（州都）の南約25kmに位置し、クンダリ空港へ行く途中にある村で、比較的都市に近い農村である。そのためにプロジェクトが対象としている他の7

村に比べ、農業に従事する形態が都市近郊型農業に近い形となっており、異なる特徴をもつ。同村は、行政的にはクルラハン（Kelurahan）として、郡（Kecamatan）の中心的な村となっている。村はさらに日本の大字（Sub-village）に相当するドゥスン（Dusun）に分けられ、Tutuana, Laikaaha, Pringgodani, Madukoru 4つの大字からなっている。また小字（Rukum Warga）は6区分、隣組（Rukum Tetangga）として12区分に細分割されている。人口は、プロジェクト開始時の1991年で1，808人、そのうち男性914人、女性894人となっている。世帯数は325戸あり、そのうち農家世帯数は312戸で、96％が農業に従事していることになる。なお1992年の別データによると、435人の在職者中、302人が農業を行っており、公務員81人、軍人18人、年金者14人、行商6人、製造業4人、その他10人の計435人となっている。

しかし、これは世帯数ではなく従事者数で、男女混在であること、兼業者もいて前述の農家世帯数と異なっている。いずれにしてもこの村では、農家のかなりの者が兼業農家であることが特徴となっている。

ラノメト村の全面積は1，570haで、人口密度は115・2人／㎢とプロジェクト対象村の中では高い方に属する。1990年の土地使用を見てみると、カシューナッツ園が

４６０haで29%を占める。次いで叢林（Underbush）が２９８haで19%、高丈草原（Tall grasses）が２６８haで17%を占めている。森林（Thick forest）は１５８haで10%となっている。またサゴヤシ林は80・５haで５%、水田は１１８haで７・５%、混作庭園（Mix garden）が３・４%となっている。

農民グループは水田を中心とした11の組合（Kelonpok tani）があり（プロジェクト発足当初は９組合であった）、このうち９組合が１つの水利組合（P３A）をつくっている。これがプロジェクトを通して組織強化する活動の１つである。また残りの１農民グループは隣村の農民グループと同じ水系であるため、別の水利組合に所属している。さらに１農民グループは独立した水系になるため、ここの水利組合には属さない。この11グループには１７０人の農民がメンバーとなっているが、半数近くが兼業農家で公務員、商業に属している。また不在地主も多く、クンダリ市で別の仕事をもっていて、普段は遊休地となっている圃場が一角に見られる。またこの辺一帯は排水が悪い湿田があり、カヤツリグサやアランアラン（チガヤの一種）の草地となっていて、ここにはまだ農民グループはプロジェクト組織時には存在しない。組合員の圃場所有は合計２８６・38haで、水田が42%、エステート圃は24・９%、畑作圃８・５%の割合となっている。また養殖魚池も１・４%を占めている。組合員の部族の構成は、先住民であるトラキ族が約半数の53・5%を占めていて、移住者であるジャワの人が34・1%、トラジャ族が7・1%、ブギス族が1・8%となっている。ジャワ族の多くが水田耕作に従事しており、トラキ族も水田に従事しているものの、多くはカシューナッツ、カカオ等のエステート作物の栽培に従事している。しかし移住の歴史は割合と古く、今では部族間の結婚も行われ、2世、3世が育っている。とくにジャワの人の移住は日本軍に連れてこられたことに起因するもので、すでに70年以上経っている。このため、耕作についてもジャワ方式の水田農業を取り入れたり、野菜を栽培したりするトラキ族の農家がすでに育っている。

村の地理条件と自然条件と農業

ラノメト村はトラキ語で黒い湿地と呼ばれているように、南東部に広い湿地帯をもつ。北西部は低い丘陵地帯となっていて凸凹をもっている。低地部には所々にサゴヤシが群生しているが、その場所も限られてきた。また丘陵部にはエステート作物が植えられ、伐採されたところはアランアランが生えている。村内に大きな川はないが、小河川がいくつかあり、北西部の丘陵地帯から流れて南東部の低地部の湿地帯に注ぐ。山も奥行きがないの

図表5－7　ラノメト村の平均月別降水量とその変動係数

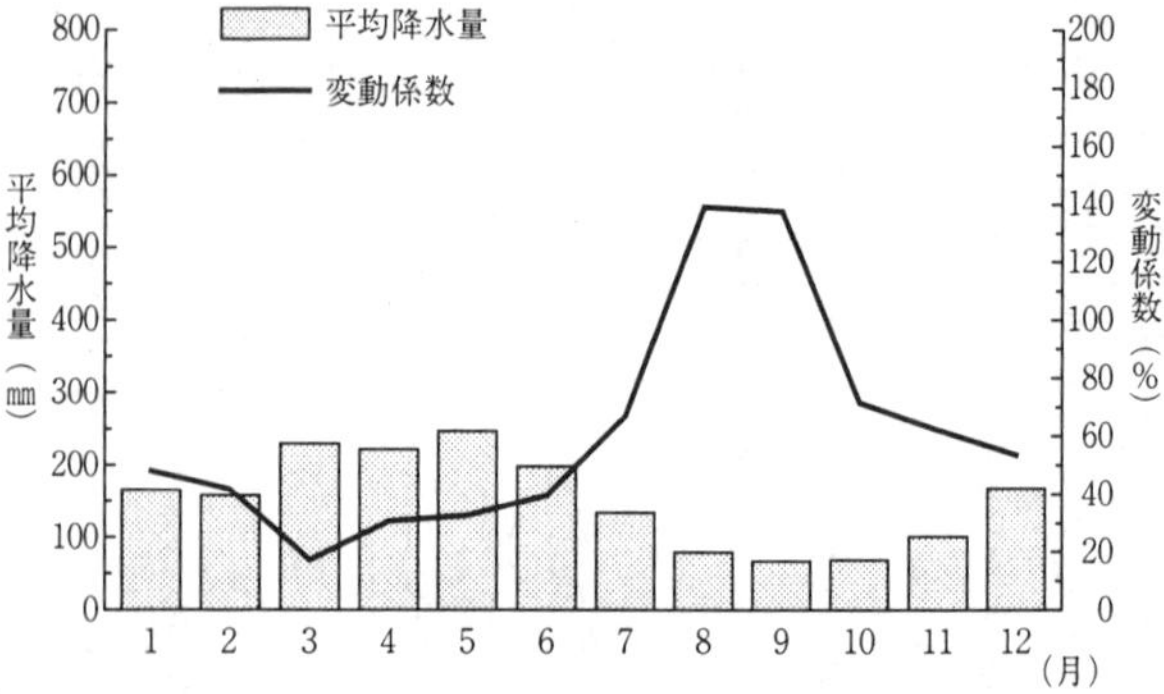

で河川の流域面積も限られ、水量は多くはない。しかしこの地方特有の降雨パターン（図表5―7参照）で、乾期と雨期がはっきり現れている。また最近は丘陵地帯がほとんど伐採されたため、水の涵養が少なくなっている。表土は浅く、有機質の少ないやせた土地である。白い土が見られるが、これは二価の酸化鉄やマンガンが水に溶けて流亡し、シリカ、石英等が残ったものである。このようにラノメト村の自然条件は、典型的な東南アジアの形態を示している。

農民組織の状況

多くの民族が混在している、村と農民組織の状況を紹介することにする。農業を行う人材と組織は、農業開発を考える上で重要な要素となる。そこで、水田管理を行う末端組織である農民グループについて述べてみる。

(1)　農民グループと組織の調査

ラノメト村の基本となる組織調査として、手始めに農民グループについて調査を行った。この農民グループは、村の南部に広がる湿地帯を水田として開墾しながらできた水田耕作の農民グループである。水田以外の農民グループは存在しない。1990年時点で、水を利用する11グループが存在している。しかし、これらのグループは同一の水管理組合に属しているわけではない。そこで水管理組合についても現状分析を行い、プロジェクトとしてどのように扱うのか検討を行った。以下、農民グループの詳細調査から村の農業の特徴を調べた。

(2)　農民グループと民族

ラノメト村の農民グループは、水田の位置によってグループ分けがなされている。プロジェクト導入前は9農民グループであったが、プロジェクトによる農地整備が実施されたことにより、そこから新たに2グループが分離した。1993年1月から、11グループとなっている。農民グループは、水田の開墾が始まった時の土地所有をもとにグループ分けがなされている。したがって、先住民の土地、移住者の土地というような、民族的な土地所有の区分けが見られる場合が多い。例えば、北側のグループはジャワ族が多く、南部のグループには先住民のトラキ族が多く存在している。ブギス族や他の民族は、東側のグループに多く存在する。ラノメト村はクンダリ市に近いためか、土地の売買は頻繁に行われている。しかしまだ農民グループの民族的特長を保持していることは、まだ村での民族間の融合が進んでいないことを物語っている。また小作人も20％近くいるが、ここの小作人は土地代を払わないので、本当の意味での小作人とはなっていない。理由として、耕作に必要な土地がまだ十分にあることを意味し、現実に水田の真ん中に遊休地が存在し、この地主はクンダリ市あるいはウジュンパンダン市に別な仕事をもっていて農業を行わず、放置しておくような、不在地主による未耕地現象が起きている。

(3)　水管理組合（Perkumpuran Pertani Permakai Air；P3A）

小規模の堰を造り、そこで得られた水を、末端水路の水係りとなっている耕作者が利用、管理するグループの集まりである。ラノメトには、１９９０年には2つのＰ３Ａが存在し、

1つは公共事業省（ＰＵ）の管轄下で管理されているもの、他の1つはスワダヤ農民組織（自助作業グループ）が中心となって堰をつくり水利用を行っている組織で、後にＪＩＣＡプロジェクトがこれを強化したものである。

①　グループ：スケマジュ・ラノメト（公共事業省〈ＰＵ〉担当の水管理組合）

ラノメト北部を流れるワトゥバンガ（Watubangga）川の上流に築造された堰からの取水により、水田の水利用を行っている水管理組合である。この水利用は、ラノメト村、ランゲア村の2村にまたがっている。この工事は公共事業省が実施したもので、取水堰の他に水路には6ヵ所の分水口を設けて、さらに末端水路を走らせている。一末端水路の水係りは一農民グループが管理するように区分されていて、全部で10グループが受益している。しかしながら水の絶対量が少ないため、なかなか全体には水が行き渡らない。とくに一番遠くに位置するグループは、水利用が遅れたり、水量が十分でなかったりする。この水利用を行っているのは3農民グループである。この水管理は、各グループの中から水管理人を選び、それぞれの分水口を管理し、取水堰の管理はＰＵの委託によって農民が管理している。しかし取水堰はＰＵの管轄で、何かあればＰＵの職員が対応する。このＰ3Ａは、

1人のリーダーと3人の管理者をもって管理されている。また管理費は受益農民から使用料を徴収することになっているが、二期作目を栽培するには十分な水が確保できないため不満があること、収量がまだ十分でないことなどの理由から、現実には水代の徴収は行われていない。

② グループ：スンバルジャヤ・バル（プロジェクト関係）

この水管理組合は、農民自身によって始められた組織である。1973年に、県知事助、労働奉仕）で行ったのが、この組合の発足のきっかけである。当時、労働提供と農民(Buppati）からセメントなどの材料費の補助を受けて取水堰と水路の工事をスワダヤ（自自身の持ち出しによる飲物、お茶と水代で運営されていた。その後、年数回の補修、修理と水管理だけで、あまり活発な活動は実施されていなかった。この水利組合による受益面積は水田の35～40haで、91農家が加入していたに過ぎない。とくに公共事業省の水利組合として認められていないため、水管理の指導、予算補助については一切得られず、取水堰の築造後は大きな修理もできず、ただ自然の状態で水を使っていたに過ぎない。組織も一応リーダーと2名の副リーダーを置いていたが、ほとんど活動らしいものはやっていなかった。1992年、プロジェクトが導入され、取水堰の改修と下流における取水堰の築造、これに伴う水路の改修と新設などの工事を行い、新たに名前を〝スンバルジャヤ・バル〟として、新しい水利組合を発足させた。しかし問題は、この水管理施設には貯水能力がなく天水農業と同じになってしまうので、常に水問題（水不足）が付きまとうことになる。そのためどうしても、水の利益を受けやすいグループと、受けにくいグループに分かれてしまう。また周年にわたり常に水があるわけではないので、メンバーの関心も得にくいという問題があった。

水稲栽培と生産性／農民グループと水稲栽培

ラノメト村では、2小河川が交わる下流に発達した湿地帯に水田地帯が広がる。村の水田は、第二次世界大戦後、先住民トラキ族の村長ら有志によって湿地分の一部を開墾したことに始まる。その後ジャワの人の入植があり、水田が拡大していった。現在ではブギス族も入植しており、水田は一層広がっている。水稲は年1作の栽培で、1～2月田植えが行われ、4～6月収穫となる。河川が小さいため灌漑が十分でなく、二期作は難しい状況にある。農民グループは20人前後のメンバーからなっており、コンタクトタニ（行政との

図表５―８　ラノメト村の農民グループの水稲収量と民族，兼業率の割合

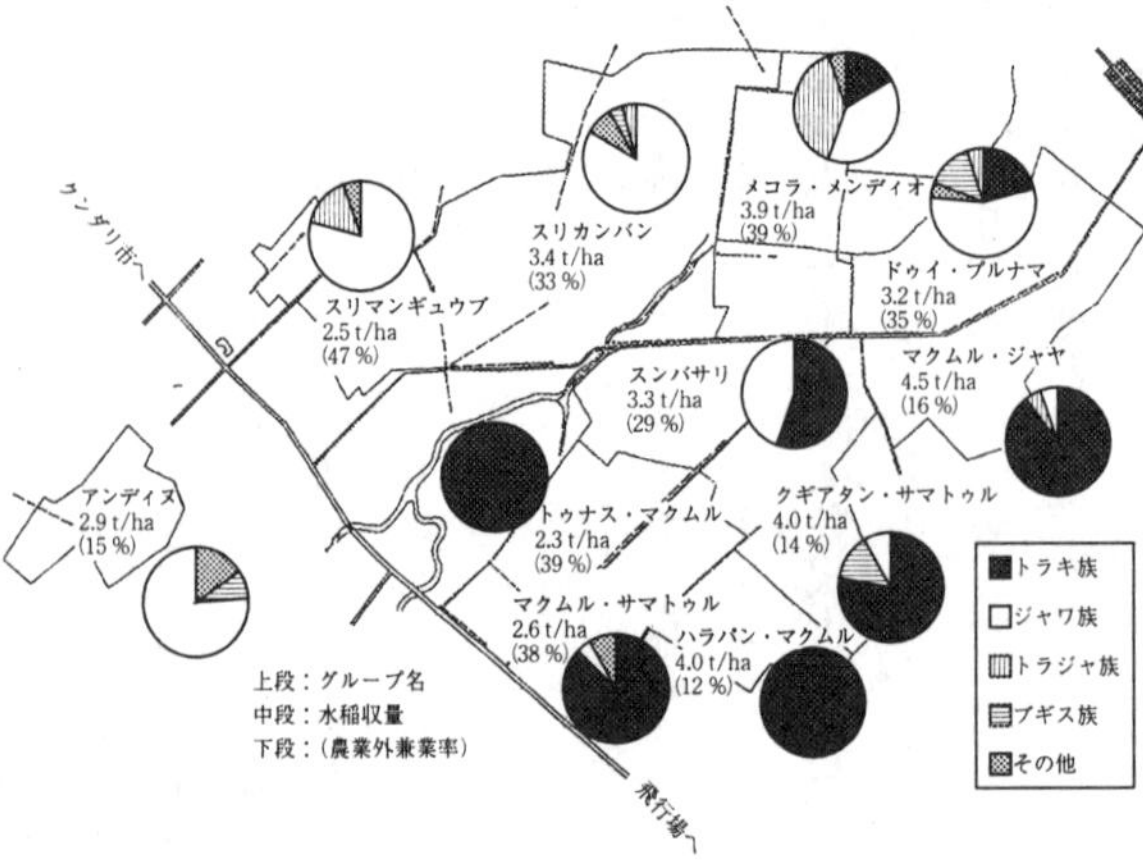

つなぎ役）と呼ばれるリーダーを中心に、会計、書記を置き、水稲の生産活動のグループを形成している。11の農民グループを調べてみると、部族により地域的に集団を作り、ひとかたまりとして進出している様子がうかがわれる。

地図上に、グループの部族の割合を示してみた（図表5―8参照。円形に部族の割合を示した）。これによると、空港側の南の地区のグループにはトラキ族が多く、クンダリ市側の北側の地区のグループはジャワ族の占める割合が多い。また、川の下流の新しい地域ではブギス族も住んでいることがわか

る。これは部族の移動による土地所有の経緯を物語っている。

水稲の収量と技術移転

それではラノメト村の水稲の生産はどうであるか、サンプリングで調べてみた。まず、1993年の雨期作の村の水田の収量調査を実施したことから述べよう。調査は、サンプリング法により1農民グループから8農家を無作為に選び、2・5m×2・5mのサンプリング区を1農家で2カ所設定し、収量を調査した。この方法により、各農民、農民グループの収量レベルを調べた。

(1) 収量と生産の調査結果から

調査の結果、収量に場所的な違いがあることがわかった。収量が高いのは、マクムル・ジャヤ、クギアタン・サマトゥル、ハラパン・マクムルのグループで4・0t／ha以上の収量があり、村の南東側の一角の地域に位置する。次いで高いのは北東部の地域で、ドゥイ・プルナマ、メコラ・メンディオ、スリカンバンのグループで約3・5t／haの収量を示している。そして収量が低いのは、州道に面した西側から北にかけての地域で、スリマンギュウブ、トゥナス・マクムル、マクムル・サマトゥル、アンディヌのグループで2・5t／ha前後であった。

(2)　兼業が収穫に影響を与える都市化現象

まず、民族と水稲収量の違いとの関係を調べることにした。収量の高い地域は、水田の経験が少ない先住民のトラキ族が多くいる農民グループである。一方、収量の低い地域は、水田技術をもっているジャワ族が割に多くいる農民グループである。この地区の水田は、他の島からの移住者によって発達した経緯もあることから、移住者の方が技術が高く経験があるといえよう。しかしながらここにおける現象は逆となっており、ジャワ族等の多いグループの方が生産性が低いという結果となった。これは先の、先住民だけの村の収量が低い傾向にあるという結果とは異なるものであった。このことから生産性は、民族の技術の差より他の要因があるのであろうと考えた。そこで考えられるのが地理的な条件の違いである。この水田は北の方が高台となっていて、この場所の水利の便がよくない。また南東部は低地となっていて、水は十分にある。この地理的条件からくる水田の水利条件が収量に影響していることが考えられるが、必ずしもこの理由だけでは説明できない。また州道沿いの水田は、放置田（不在地主）からの鼠や害虫の影響などで十分な生産が上がらないことによることも考えられる。これらの理由から、この村の水稲栽培は、部族のもっている技術力よりも栽培環境の方が生産性のより大きな要因となっているのではないかと考えたが、どうもこれだけでは十分に説明できない。そこで再度、他の要因を調べることにした。ここで興味ある要因があることがわかった。それは、農民の農業管理技術と水稲栽培への関わりである。1つのデータを合わせることで、グループの収量差の原因を説明することができた。重要な要因となっているのは、農業外の仕事の有無であることが判明した。農民グループの兼業率の割合を調べた。それによると、収量の多いところは兼業率が少ない傾向にあることがわかる。一方、収量の低いところは兼業率が高いことがわかる（図表5―8参照。下段の数字は兼業率を示す）。ラノメト村はクンダリ市と空港を結ぶ中間にあり、村人は街へ出稼ぎに行くことが容易である。実際に、ある農家は通常クンダリで仕事をしていて、村での農業は副業的なものとなる。もし水稲栽培を兼業で行っているとすれば、専業で行っている人より農業は手抜きとなる率が高い。この兼業農家がプロジェクトに要望していたのは「プロジェクトは除草剤の使用とか直播技術を教えてほしい」などという新しい技術といわれるものであった。ある程度の収量を得られるなら、栽培を粗放化し、他の仕事に力を注ぐことが彼らの興味であった。まさに手抜きの栽培技術を望んでいるのである。一方、兼業率の低いグループでは水稲栽培に専従し、いかに収量を上げるかが重要である。集約農業であれば、手間をかければ収量が上がるということであり、ラノメト村の場合、収量が兼業率に関係しているという興味のある事例となった。

水田開発と村の変容

ラノメト村の発展過程を通して次のことがわかった。

南東スラウェシ州の村の発展は、先住民のトラキ族による焼畑とサゴヤシ澱粉採取および自然からの資源採集の農業が基盤となっていたところに、他からの民族が移住することによって新しい水稲栽培技術が導入された。とくに農業では、移住民のもっている水田技術が土地利用と作付け体系を変えた。

しかし水稲栽培の生産性は、民族のもっている技術と同時に土地条件による所が多い。とくに陸稲などでコメに親しんでいる人にとっては取り込みやすい作物である。ただ問題なのは水管理等の圃場管理技術の点であり、常に水のある場所では容易に技術が受け入れられて問題は少ない。しかし、水源が限られている場合には水の確保が重要となり、水稲栽培の導入には問題が残る。

また、農村は貨幣経済の浸透度により大きく変化する。貨幣経済が村を大きく変える要因であり、移住で他民族が入ってきた影響以上に村を変える要因となっている可能性がある。ラノメト村の場合は、まさに貨幣経済の影響を受け始めたところで、都市化が始まろうとしているところである。

移民による村への影響は、新しい営農体系の紹介、導入により、新しい圃場管理システムへと変化していく。この水稲栽培の営農は農民のグループ化を必要とし、また水管理組合等の新しい組織化を必要とする。農村社会はこれにより変容を開始する。そして村の貨幣経済が動き出すと、村はより急激な変容を遂げる。すなわち、貨幣経済の発展によって、今までの物々交換の社会と価値観が変わる。これによって今までの伝統的組織が崩れ、共同作業から雇用関係へと労働に対する対価も変化する。つまりすべてを経済的尺度でみることになり、これに合った営農体系へと変化する。この変化は、農村社会をも大きく変えさせることになるのである。

第6章　南東スラウェシ州における伝統的農業と農村を知る

プロジェクトの対象村8村は、南東スラウェシ州で近代化を進めたいと願う村である。そのために、開発が割合とやりやすい村である。したがって、これらの村だけではこの州全体の農業と農村の歴史は十分に把握できない。地域の農業・農村の広がりや深さは、伝統的農村を見ることで得られる。そこで、プロジェクト周辺の伝統的農村を調べることにした。

南東スラウェシ州の村の現況と農業を知る

日本から派遣された農業専門家は、自分の専門分野には長けていても、他の状況、条件については必ずしも精通しているとは限らない。地域研究を行っている研究者も多いが、すべての地域をカバーしているわけではない。また、地域研究者は必ずしも開発学を目的に研究をしているわけではないので、開発計画を作成する場合、十分な協力を得られるわけではない。そのために、現地に派遣される専門家には、専門性のほかにより幅広い知識が求められ、適切な行動が取れる人材が望まれる。

専門家は、農民・農村社会をどのように発展させたいのかを知る必要がある。また、国の政策と農村が考えている方向が必ずしも同じではない。他国から派遣された専門家は被援助国の考え方に従うことになるのであるが、この方針が必ずしも農村に受け入れられるとは限らない。しばしば、国と農村の開発の考え方の違いが専門家の頭を痛めることになる。また、農村内の意見対立も大変である。ある村では村長と住民との意見の対立があり、一方、他の村では農民は村長を尊敬しており、開発における共同作業が問題なく進められる場合もある。

このように、開発に協力する場合に援助者は外部者であり、現地の人ではない。村をどのようにしていくかは、村人の考えによる。そのためには、援助者は単に無償で資材を与えるだけではいけないことになる。村の人たちが考える開発の方向を理解できる人でなくてはならないし、そのためにはコミュニケーションが図れなくてはならない。

現地の適切な現状把握の必要性

文化とは歴史の上に築かれてきたものであり、地域の歴史を知ることで、どのような発展方向に向かおうとしているのかを知ることができる。村で営まれてきた農業と村文化、社会構造を調べてみることで、何をすべきかのヒントが得られるはずである。さらにこの上に科学的な理論をもって証明すれば、ここで実施すべきことが見えてくる。このような考え方で、このプロジェクトの開発の方向性について再度考えてみる。

(1) 南東スラウェシの基本的営農体系と社会的構造

南東スラウェシ州は、半島部が西と東の2県、南部の島嶼部を2県に分けた4県からなっている（1997年に、分権化で10県となっている）。これは、昔の王国の区分けに基づいて分けられている。したがって、県それぞれに民族の違いによる社会的、生活環境の違いがある。また、州を地理的に区分すると、半島部と島嶼部の2地域に分けることができる。前者半島部は先住民トラキ族（メコンガ族も含める）の文化圏であり、後者島嶼部はムナ、ブトン島の海洋貿易で栄えた地域である。

プロジェクトのある村は、南東スラウェシ州の中でも開発の遅れている地域として位置づけられている半島部で、東西南の3方向を海に囲まれている。北側は唯一陸地で他州につながり、州境に2,000m級の山並みがあり、この州で孤立した地域といえる。また、この州の東側の島々は中世にスパイス列島といわれたマルク諸島である。したがって、この州の南の先端部はヨーロッパに出すスパイス交易の中継港として発達し、バウバウ市のような港町が栄えた。しかし、半島部はこれといった大きな産業もない僻地であった。

このような文化的、社会的区分けに対して、自然環境、農学的観点からみると、この南東スラウェシ州は根栽農耕文化圏に属することになる。中尾佐助らの京都大学東南アジア研究センター研究者グループでは、根栽文化圏の原始的な形態のものとしてサゴ文化圏を挙げている。現在は、サゴヤシの原産地はニューギニア島であるとしている。一般にはパプアニューギニアからマレー半島にかけての広い範囲を、サゴヤシの分布地域であるとしている。すると、南東スラウェシもこの文化圏に入ることになる。しかしサゴヤシだけをみてみると、半島部つまりコラカ、クンダリ地域には多くのサゴヤシがみられ、人々の重要な食料になっているので、まさにサゴ文化圏であることは間違いない。しかしブトン島、ムナ島の島々を調べてみると、サゴヤシはほとんどみられない。それに代わってイモ類、とくにサトイモ、ヤムイモの類が多く利用されていることが認められた。とくにブトン南東部の島嶼部にはそれが著しく現れている。したがって、根栽文化圏でもより原始的といわれるサゴヤシが半島部で優勢となっており、タロイモ（サトイモと類似）、ヤムイモ（ヤマイモと類似）のイモ類が島嶼部で優勢となっている。このような違いが南東スラウェシの中で民族間の農業にも微妙に相違を形成し、食生活、文化的な相違につながるものと考える。

また、穀類栽培の観点から同様な現象を見てみることもできる。南東スラウェシは、サゴと同様に、またはそれ以上に穀類の栽培が昔から行われていた。この穀類の栽培は、すべて焼畑で行われている。したがって、穀類栽培は焼畑での栽培を意味する。この焼畑で作られる穀類も、半島部と南島嶼部では異なることがわかる。半島部は陸稲とアワの栽培であり、南島嶼部はソルガムと一部粟の栽培が行われていた。もちろん今では、トウモロコシが全域にわたって栽培されている。しかし、トウモロコシの栽培はソルガムの栽培から変わったものと考えることもできる。もし今まで言われている説で、トウモロコシが中世に新大陸からきたものであるとすれば、このインドネシアでは比較的新しい作物になる。それでは、その前は何であったのであろうか。考えられるのはソルガム（モロコシ）である。実際、ブトン島、ムナ島やパランガ村で、今でもわずかながら栽培されているのを確認することができた。かつてブトン、ムナ島がスパイス類の貿易の中継点として栄える以前は、ジャワ島、バリ島を中心にヒンドゥー文明が栄えていた。このヒンドゥー文明はインドから来たもので、インドネシアとインドとの間には多くの交流があり、物資の移動も多く行われていたはずである。このときにインドの主食であるソルガムがもち込まれたと考えても問題はない。そして石灰岩が隆起してできたムナ島、ブトン島では肥沃度や水利条件が悪いため、ソルガムぐらいが栽培に適応できたものと考える。後にこのソルガムより収量が高く、扱いが簡単なトウモロコシに変わったと考えることができる。とくに中世期のスパイス交易によるヨーロッパとの交流により、トウモロコシは新大陸からヨーロッパへ、ヨーロッパからインドネシアへと伝播したものと考えられている。この伝播の形態は、メキシコ周辺を原産地とするサツマイモの一経路と類似しているところである。ムナ島の北端に近いクンダリの東側の海岸で岬となっている山際で、ソルガムの栽培を当時確認できた。一方、陸稲は半島部の主要作物として栽培されていたし、また現在もされている。しかしながら南島嶼部は、陸稲の栽培はほとんどみられない。ここではトウモロコシ、イモ類、バナナが栽培されている。半島部の陸稲はトラキ族の主食であり、サゴ以上に生活における比重が高い。そしてトラキ族の生活、習慣をみてみると、サゴ澱粉抽出よりは陸稲の栽培に依っているように思われる。陸稲にはモチ米、ウルチ米があり、色も黒米、赤米、白米と分けられ、変化に富んでいる。そして陸稲は焼畑の主要な作物として栽培される。稲の起源は中国雲南省南地区とされていて、陸稲が稲のもともとの起源となって、そこから伝播したと考えるのが一般的となってきた。いわゆる雑穀センターからの伝播とみる。これらの考え方は、中尾氏の東亜半月弧、佐々木氏の照葉樹林帯、渡部氏の原農耕圏と言われているものである。半島部で陸稲だけでなく粟も栽培されていることからみて、雑穀文化圏の一部と考える。この雑穀文化圏がどこまで延びているかはまだ調査をしないとわからないが、今までの調査で、ハルマヘラ島で陸稲が作られているがニューギニアまで行っていないことから、マルク諸島が東端になるのではないかと思われる。以上のことから、この南東スラウェシは、根栽文化圏、サゴ文化圏、稲作文化圏がいまだに混在している地区なのである。

上記の農耕文化を背景に、この南東スラウェシ州の伝統的農業とプロジェクト改良方法について考察してみることにする。現地の気候、地理等の自然条件に適合した伝統農業を明らかにすることで、導入すべき技術が明確になる。調査は、プロジェクトサイトよりさらに奥地の村で典型的な伝統的農業が残っている地域を調べた。

焼畑農業とサゴヤシについて

(1) 陸稲

南東スラウェシの先住民の主食は、陸稲である。この陸稲は、伝統的に焼畑農業における主作物として栽培されている。とくに丘陵地を利用した、焼畑による陸稲栽培が一般的である。

写真6―1に焼畑の陸稲栽培の写真を掲げた。先に述べたように、陸稲はモチ型、ウルチ型の2種類が栽培されているが、さらに色による区分から黒米、赤米、白米の3種類に分類される。黒米、赤米にはモチ型の米が多く、蒸して食べるのが一般的であり、祭事や集まり事によく出される。水田稲作は最近導入されたもので、湿潤地を開墾し水稲を小規模に栽培することが多い。しかしこの開田は、先住民トラキ族独自によるというよりは、移住者の影響を受けて進められたのが実態である。したがって当地は、焼畑による陸稲栽培が農業の主体となるわけである。陸稲の栽培はだいたい雨期に行われる。したがって播種は12月から1月にかけて実施され、収穫は5月頃になっている。この栽培は焼畑で行う

写真６－１　焼畑における陸稲栽培

ため、土地を耕すことはしない。トガルと呼ばれる棒で土を突き刺し、穴をあけてそこに種子をまく直播が行われている。その後、覆土がなされるだけの単純な栽培方法である。肥料も一般には使用されていない。圃場管理は通常2回除草が行われるだけで、消毒は行わない。収穫は、アニアニと呼ばれる手道具により穂刈される。穂刈された稲は束ねられて軽く天日乾燥されて、庭に建てられている穀物倉庫に貯蔵される。天日乾燥は、道端、田圃、庭先に稲束を置く場合や、稲架（はさ、おだ）を渡して吊した形で乾燥する場合もある。また、穀物倉庫は家の横または敷地内に建てた小屋で、高床式で柱には鼠返しを付けている（写真6―2、3参照）。一般に、一家族の1年分の米が貯蔵可能

写真6－2　クンダリ農家の穀物倉庫（入り口の左側）

となっている。収穫作業は通常、バワォンと呼ばれている方式で行われる。バワォンシステムとは、収穫作業に加わった人が、栽培者あるいは地主から収穫した率に応じて分け前を得る分益方式で、インドネシア一帯に広く残る村の社会的慣習である。このシステムで収穫作業をした人が1、栽培者または所有者が5の割合で収穫物を分ける場合、1対5方式といい、地域によって1対6であったり、この割合は異なる。ジャワなどでは、田植えに参加しなかったものは収穫をする権利をもてないという地域もあり、このシステムは社会、経済的な地域差からやり方に違いがある。つまりこれは一種の村内の平等制を保つ、相互扶助を目的とした社会的慣習ともいえる。土地をもたぬ者も収穫作業に

写真6－3　独立した穀物倉庫

参加すれば、少なくてもある程度の収穫物が手に入る分配の機会均等という役割を果たしているのである。南東スラウェシの先住民トラキ族の社会では、生産者が米を税として王に献上するシステムができあがった。またこの一環として、米は村の儀式、接待用に貯蔵されたり、また老人、未亡人等に配ったりするように、共同で集荷、貯蔵するシステムができている。このように、陸稲は焼畑農民の主要作物として栽培され、この作業が村社会の慣習を作り上げている。陸稲の収量を農家の坪刈調査（サンプリング）によって調べたところ、おおよそヘクタール当たり1トンであることがわかった。土地のよいところでは4トン近くにもなっている。一般的に、陸稲1トンを一家族5人（現在の村の平均的家族数）で消費すると仮定して、自家消費を1人約150キログラム（玄米）として算定すると、必要な陸稲の栽培面積はほぼ1haとなる。もちろん、これには他の生活費は計上していない。そこで、農民の焼畑の栽培面積を聞いてみると、ほぼ1haという答えが返ってくる。これから、自給だけの生産量であることがわかる。

(2) トウモロコシおよびその他の畑作物

焼畑農業では栽培の中心は陸稲であるが、トラキ族の畑ではトウモロコシも植えられている。トウモロコシは、ブトン島、ムナ島では非常に多く栽培されており、陸稲に代わるものである。以前は、ソルガムとアワが栽培されていることが確認できている。これらが高収量性のトウモロコシに代わったと考えるのがごく自然である。南東スラウェシ州の半島部も、これらがこの島伝いに入ってきたものと考えられる。また、ブギス族を通して南スラウェシからの経路も考えられる。いずれにしても、半島部ではまだ新しい作物である。トウモロコシは、単作として植えられる場合と、陸稲との混作で植えられる場合がある。単作の場合は12月から1月にかけて播種され、3月に収穫される雨期作と、6月播種で9月頃収穫される雨期後半から乾期にかけての二期作であるが、主は雨期作である。また陸稲との混作は雨期作が主で、トウモロコシは2m×2mの株間でまかれ、1穴に4~5粒播種される。通常、トウモロコシの方が早く収穫となり、陸稲は約1カ月後に穂刈される。

ここで使用されているトウモロコシは白色種が多く、通常、子実をスープと煮込みこれを食する。また、ムナ島では子実を茹でるだけで食するものもあり、粉等に加工しての食事方法は見当たらない。トウモロコシの家畜への利用も少なく、収穫を終えた後、作物残渣はそのまま畑に放置される。このように、トウモロコシの利用のバリエーションが少ない点からも、この地域では新しい作物であることがうかがわれる。トウモロコシが導入される前からあると思われるアワは、現地ではワトゥ（Wotoh）と呼ばれ、米のように炊いて食することもあるが、ほとんど赤砂糖を用いて作られるワジェ（Waje）と呼ばれるお菓子として利用される（写真6―4参照）。ちょうど日本の「粟おこし」のようなものである。またソルガムは半島部全域で栽培され、陸稲などと混作されて栽培されるが、大規模な栽培は見当たらない。ここの住民は漁業でも生計を立てていて、家の周りが崖となっている丘陵部で、トウモロコシに混じってソルガムが栽培されていた。このことから、ソルガムは海を介して伝播されたことがうかがわれる。半島部や

写真6―4　アワをもつ村長

ブトン島では、ソルガムを砂糖の代用としたり、子実を粉にしたりして食する。

穀類の他にマメ類やイモ類の栽培も行われている。しかし、陸稲に比べるとその比率は少ない。マメ類では緑豆、ヤッコササゲ（カチャントゥンガ）、大豆、落花生が植えられている。また十六ササゲも野菜としたり、子実を食したりしている。これらのマメはローカル種であるのか、移民とともに導入されたものなのかわからないが、大豆、落花生等は他の島からもち込まれたものと考えられる。イモ類については、キャッサバ、ヤムイモ、サトイモ、カンショの類が栽培されている。キャッサバ以外は、大面積に植えられているところはない。しかし、ヤムイモやカンショは農家の庭先などにみられる。ブトン島等の南東部の島には、ヤムイモ、タロイモ類等多種のイモ類がみられ、イモ文化圏といわれる由縁である。一方で、半島部は島嶼部よりもイモの位置づけは低くなる。

(3) サゴ澱粉抽出の農業と伝統的農村社会

サゴヤシの澱粉は、南東スラウェシの半島部のトラキ族にとっては、食生活の中で米（陸稲）とともに重要な主食の1つとなっている。このサゴ澱粉は、サゴヤシの幹に蓄積されている澱粉をさらして抽出したものである。サゴヤシは、マレー半島からパプアニュ

写真6－5　サゴヤシ髄の粉砕作業

ーギニアにかけての東南アジア地域を中心に分布し、広くはタイ、ミャンマーにまで至る。さらに一部、アフリカのナイジェリアを中心とする海岸地帯でも栽培されている。サゴヤシ澱粉の収穫、利用は詳細に調べると違いもあるが、マクロ的にみると大きな違いはない。とくに、さらして澱粉を抽出する方法は、単純で多くの道具も必要とせず、すべて自然の中で処理する方法が依然として採られている。最近は機械を利用する部分もあるが、これはサゴヤシの幹を破砕する工程ぐらいで、あとの作業はほとんど人力で行われている。ただ、水洗いの抽出作業では、高圧ポンプを使用している人もいる。次に、代表的なサゴ澱粉の性質と抽出方法、加工、経営、流通について紹介する（写真6－5、6

写真６－６　サゴ澱粉の抽出水洗い作業

参照）。

①　サゴヤシ農業

サゴヤシを分類すると、９種類存在することが確認されている。南東スラウェシではホンサゴ、トゲサゴの２種類がはとんどで、現地ではトゲのあるもの（Rui）、トゲのないもの（Roe）、白サゴ（Baro Wila）として分けられている。また、トゲのあるものは短いものと長いものに分けられる。これらは、澱粉の生産性において大きな違いはないと言われている。しかし農民の見解は、扱いについてはトゲのない方が容易である、トゲのある方がイノシシからの害が少ない、品質が良い、悪い等いろいろある。これらを総評してみると、本質的には違いは少ない。サゴヤシは花と実をつけて、その幹は枯れる。そして同株の中の隣のサッカー（腋枝）が生長して親株となる。通常、花が咲くまでに10～15年かかるとされている。そして花の咲く直前が幹に最も澱粉を貯蔵すると言われており、花が咲くと急激に澱粉の貯蔵が減る。このため、農民にとっては澱粉量の最も多い時期を判断することが重要となっている。現地での判断技術はいくつかあり、次のようなものがある。

a　サゴヤシの木の頂点の芽が白くなる（白色の粉状物質が表面に出ると収穫できる）。

b　若い幹の葉脈が黒くなると収穫してもよい。

c　木の幹に小穴をあけて、澱粉の貯蔵量（厚さ）を見て判断する。この方法が最も確実な方法である。

サゴヤシの所有は、自分の土地に植えたものについては当然植えた人の所有となるが、土手などの公共地に植えたものも植えた人のものになる。サゴヤシの所有権を決める場合、サゴヤシの親株の帰属であったり、土地所有であったりし、時として境界が問題となる。森などの自然木については、最初に見つけた人、宣言をした人の所有となる。この場合は、土地ではなくサゴヤシ株の所有者となる。サゴヤシの株のことをインドネシア語でルンプン（rumpum）といい、トラキ語でラプ（rapu）という。サゴの木をガソ（nggaso）といい、アソ（aso）とはトラキ語で木という意味である。1株から派生したサゴ葡伏枝により株が増えるとともに子、孫枝を出し、全生育ステージの木を合わせると、親株1本から100本ぐらいになる場合もある。

② サゴ澱粉の抽出作業

サゴ澱粉の抽出作業は、普通2～3人のグループで行われる。1本のサゴを澱粉（湿った粉）として穫るまでに4～5日かかる。農民は、1本の切り出しを約1週間の工程を組んで行っている。

a　サゴヤシの伐採　下葉を切り、山刀で根元をくさび型に切り込んで伐採する。

b　サゴ丸太（ログ）の調整　(i)茎頂部を切り落とし、澱粉の入っている幹を丸太にして、これを上から下に縦に割り、2片の半円柱にする。(ii)機械破砕の場合は、丸太を1mぐらいの輪切りにして、これをいくつかの小片（ログ、ブロック）にする。

c　髄の破砕　(i)円形の筒状の手斧によって髄を破砕し、小片（屑状）にする。(ii)機械破砕の場合は、動力粉砕機（ラスパー：針付き円筒）と同様に台座にサゴ幹片をのせて破砕する場合もある。

d　サゴ髄破砕屑の洗い場までの移送　通常、籠に破砕屑を詰めて水洗い場まで運ぶ。

e　サゴ髄破砕屑の洗いとサゴ澱粉の抽出　(i)ランダカ（Landaka、足踏み）方式…破砕髄を籠に入れ水を入れて足で踏み、澱粉の溶けた水を下の沈殿槽に溜める。(ii)コムト（Komuto、手洗い）方式…破砕髄を樋状の洗い桶に入れて端をネットでふさぎ、水をかけて手で澱粉の溶液をしぼり出し、下の沈殿槽に溜める。

f　澱粉の籠詰め　沈殿槽に溜まった澱粉をサゴの幹皮で作った籠に入れ、蓋をして俵状にするが、大きさ、形は地区によって異なる。

③　澱粉の出荷とマーケティング

サゴ澱粉は、湿った粉と乾燥したものとの2種類あるが、農民の現地における扱いは、湿った状態で籠詰めにして出荷されている。乾燥粉は、都市部のマーケットでキャッサバ粉などと同様に並べられ置かれている。湿った澱粉の場合は2～3日ぐらいしか鮮度が保てないため、生産地と消費地が近い所に限られるが、乾燥すると手間がかかるので湿った状態で流通しているのが一般的である。また、乾燥粉は長持ちはするが乾燥にコストがかかるので、都会市場向け、あるいは輸出用となる。

サゴ澱粉の流通を調べてみると、生産地での村内の流通が主で、自家消費と同一部落の近隣者への供給となっている。生産した人はそれぞれの配る家の軒下に、サゴ澱粉の入った籠をかついだり、自転車で運んだりして置いていく。また、ローカルマーケットには多くの籠が並べられる。クンダリ市のような大きな町や遠方の市場に出す場合は、まとめてトラックで輸送するが、この場合の出荷は大生産地からに限られる。つまり、重いことと日持ちがしないことが流通の制限要因になっている。

④　サゴヤシ農業の経営状況

サゴの採取は、モウェウェ村でも、ほとんどクンダリの方法と変わらない、手作業で行う方法が主流を占めている。1992年の調査では、1カ所、機械の導入を行っている作業場があった。ラスパーと呼ばれる機械は、サゴヤシの髄の破砕を、釘を張り付けたドラムをエンジンで回転させて行うもので、自分で組み立てたため70万ルピアでできたとのことであった。材料のサゴは、自分の所有のものと他人から買ったものを処理する。1本のサゴヤシから湿ったサゴ澱粉が200～300キログラム採れ、約1万ルピアを稼ぐことができる。サゴヤシ所有は2haに100本あるだけであり、十分な数がない場合、近隣の人から買う。買ったサゴの木はバオン方式（共同作業方式）で取引され、生産物の現物を所有者に1、買い取り人（澱粉抽出人）に1の割合で分配する。抽出人は、この取り分からさらに切り出し人等の作業者に分けるため、実際の取り分はさらに少なくなる。仕事は切り出し、運搬、抽出、容器詰めの順で作業を進め、6人で1日2本処理する。すべて手で行った場合は、1本を処理するのに3人で1週間かかるという。つまり1本のサゴヤシを処理するのに、機械導入の方が6倍ほど能率的であることがわかる。

マーケティングには問題はないが、資本が足りない。つまり機械化は商業化となるので、雇用人に支払う資金が足りない等の問題が出る。手作業の場合、年間約30本のサゴヤシを処理するだけで十分である。機械の場合は、年間500本処理することができる。こうなるとサゴヤシが足りなくなる恐れがある。最近サゴヤシの木が減ってきているが、これは切るだけで植林がなされていないためである。機械の場合は親戚でグループを組むが、一時雇用の場合は他人を入れる。サゴ澱粉は自家消費されるほかに、ラテラテ村やランブヤ村の近隣の村や町に出荷される。またサゴの葉は女性たちによって編まれ、屋根を葺く材料（シート）として使われるが、マーケティングに問題がある。

⑤　工業省小規模産業育成事業で建てたサゴ澱粉加工工場はなぜ失敗したか

モウェウェ村には、工業省の小規模産業育成事業で建てられた小さな澱粉処埋工場があった。工場は、1982年にサゴ澱粉の抽出処理作業の労力軽減と能率向上をねらいとして建てられ、操業を開始した。しかし、1992年には操業がほとんど行われていない。この理由を分析してみると、大変興味深い点が浮かび上がってきた。以下、現地の状況を通して説明をしてみよう。

この工場は、1日当たり約10本のサゴヤシを処理する能力をもっている。工場では、サゴヤシ1本5,000～10,000ルピアで買い上げる。これは農家にとっては非常によい値段であるが、問題は工場まで運ぶ輸送手段である。トラックで運ぶとなると、1回に3本積めるが15,000ルピアもかかり、元がなくなってしまう。牛車による牽引を提案したが、農家はあまりやりたがらない。工場としては農家の仕事の補助を目的として設立されたので、独立採算制はとるが、余分な利益を上げる必要はないとしている。よいサゴであれば250～300kgのサゴ澱粉が採れ、平均87,000ルピアの収入が得られる。この内、運営費として40,000ルピアかかるというから、差引47,000ルピアが純益となるはずである。工場としても十分採算が上がったはずであるが、なぜ操業開始してまもなく閉鎖状態になったのか。工場側は資金不足で動かすことができないと言っているが、どうもそれだけではないようである。第一の原因は、材料が集まらないことにあると思われる。先に述べたように、工場が1本5、000ルピアで買ってくれるとしても、その輸送に問題がある。それと同時に、はたして木の切り出しだけで農民が1年中生活できるかという問題がある。もし1日5、000ルピアの収入を目標に農家がサゴヤシを切り出すと、1年間に365本が必要となる。はたして、この村は1農家あたり365本以上切り出せるヤシをもっているであろうか。また1年はよいとしても、2年目以降どのようにサゴヤシを得るのであろうか。これでは継続的な経営は成り立たない。これよりは従来通りの自分で処理の全工程を行う方法であれば、1人1日約3、000ルピアとなり、さらに仕事が継続でき安定している。これらの点から、農家が1回は工場へ出したとしても、2回目以後は出さなくなるであろう。したがって工場には材料が集まらず、操業ができないことになる。目的、計画段階では非常に理想的であったとしても、やはり実際の農家、村の状況を把握していなかったために失敗した事業であると思われる。今では材料をサゴヤシからキャッサバ、ジャガイモに替えようとする動きもあったが、まだ進んでいなかった。

この開発事例からわかるように、工業化に対応できる十分な材料を確保できる見通しが立たなかったことが失敗の最大の原因である。つまり、事業計画が十分検討されていなかったことである。また、貨幣経済があまり進んでいない地域であり、経営という概念がなかったことも大きな要因であった。伝統的農村の地域活性事業も、単に現地にあるものを工業化すればよいというものでないことがわかる事例であった。

サゴヤシ農民の生活状況と奥地の伝統的トラキ族の村状況

伝統的農業を知るためには、まだ外部の影響をあまり受けていない、依然として伝統的慣習をもつ村で、多くの情報が得られると考える。本節では、南東スラウェシ州のサゴ原産地と言われている州北部の山岳地域の村を調査した結果をもとに、トラキ族の歴史と生活を見てみることにする。

(1) この地域のサゴ原産地と言われている地区

ウナハ(Unaaha)から50~60㎞北に行った村では、あまり多くのサゴヤシが見られなくなっている。これは、もともとサゴヤシが少なかった所に、定住化政策で、もっと山奥にいた人たちをここら辺に定住させた結果、人口が増えたり、またすでに切り過ぎているためと思われる。しかしながら、村にはないが元の村、湿地帯にはまだ多くのサゴヤシが残っており、村人はそこまで採集にでかける。主な産地は2カ所で、ラトマ（Latoma）地区（クンダリ県側の元村）と、リク（Liku）地区（サンゴナ村よりもさらに60㎞奥で上流の無人の湿地帯）である。ラトマ地区は無人の村であるが、すでにサゴヤシ所有者、土地区分が決まっている。タワンガ村から約100人の農民が、またサンゴナ村からもわずかであるが所有者となっていて、1人2～5haを所有している。またリク地区は広大で、サゴの量も多く未開の湿地であり、サゴヤシ採取に行った場合など、時によっては地区の中で迷うほどであるという。個人の土地所有は、まだ入口近くのほんの一部だけである。このように北モウェウェのサゴの産地はなくなりつつあるが、一部の地区はコナウウェハ（Kanawha）川の河川敷の川の傾斜がゆるくなった所に大きな湿地帯が広がっている。そしてこれらの平坦地は、常に川の流れる位置によって様子を異にする。つまり、川の浸食および堆積作用によって河川敷が動いている。以前は、ここに生えているサゴヤシと丘陵地の焼畑から得られる陸稲・粟、川でとれる魚、および鹿等の動物の狩猟によって生活を営んでいた。したがって、サゴは彼らにとって重要な食糧の一部であった（地理的条件については、図表6―1を参照されたい）。

図表6－1　南東スラウェシ州クンダリ県，コラカ県の主要市町村の位置図

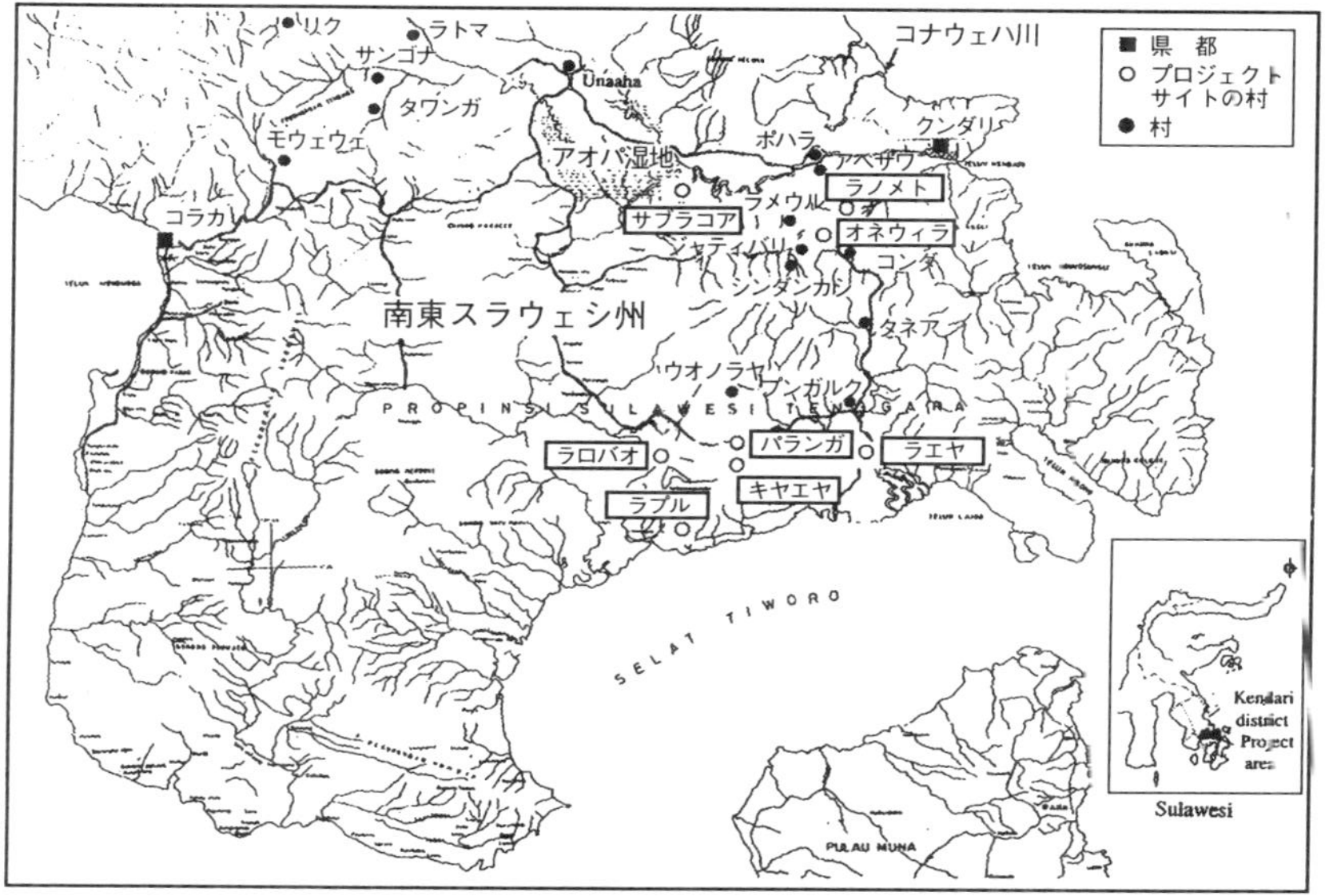

(2) クンダリ地方のサゴ農業

クンダリ地方では、全域にわたりサゴ澱粉採取農業が行われていたが、今では近代化、都市化、他島からの移住者の入植などによる食生活の変化のためにサゴの需要が減り、限られた地域で抽出が行われているだけになってきた。現在の主な産地は、ポハラ、コンダ、ポンガルクなどの産地と、オネウィア、シンダシカシなどの昔からわずかに自給用に生産している地域となっている。しかしながら、今も主食としての地位は高い。

サゴは主に河川に沿った所に残っており、ここが産地となっている。河川といっても小川のようなもので、雨期に増水し、乾期には枯れるくらいの大きさの川である。また、常に水が流れている大きな河川のところでは、自然堤防や三日月湖の周辺などが大産地となっている。クンダリ市周辺では、サゴの収穫は澱粉をさらす水の必要性から、雨期だけで乾期には行わない。このように季節的な労働となっていることが特徴である。とくに大きな河川をもたない地方ではこの傾向が強く、アンボンやイリアンジャヤ州（ボルネオ島）などのサゴの大規模産地とは異なる点である。

第7章　トラキ族の伝統的社会

今まで、多くの村から伝統的農業、農村についての情報を得た。それではさらに、南東スラウェシ州の先住民であるトラキ族の伝統的社会・文化について述べてみよう。これらは、農村開発を進める上では参考になる。

このような調査は、農村開発の中で次のような研究課題をもっている。

＊プロジェクトが実施しようとしているシステムが伝統社会に根付くであろうか。

＊伝統社会がどのように変容しているのか、どのような社会構造を作っていくのか。

＊社会変動の中で、どのような新しい農業、産業が必要とされているのか。

＊村の組織が技術を受け入れる条件は何か。

開発を実施する場合には、単に新たなものに変える、新しいものを導入すればよいというものではない。地域の特徴を理解する必要があり、伝統的社会は昔から継続されてきた形であり、歴史そのものである。このような状況を南東スラウェシについて知ることは、外部者にとって大変なことである。とくにトラキ族に関しての資料は限られており、現地の人からの聴取は重要な情報源になる。

以下の情報は、カウンターパート、村長、郡長、村の長老などから聞いたものをまとめたものである。

トラキ族の伝統的社会的構造

(1) トラキ族ラキデンデ（Lakidennde）王による南東スラウェシ半島の統一

ラキデンデ王はトラキ名でサンギア ニバンデラ（Sangia Nibandera）と言ったが、初めてこの地にイスラム教を取り入れた王として、イスラム名のラキデンデの方が一般的となっている。この王は、根拠地をウナハに置き半島を統一した。ラキデンデはサギヤと呼ばれ、予想（予言）を行う人でもあった。このラキデンデの前は、パロポから来たウェコイラ（女性）が王であった。彼女の子供は男2人で、1人はパロポ（ルー）、もう1人はボネを支配していたという。ラキデンデ王以前の半島部は、全域に小王が点在していたと思われる。ラキデンデ王は大王として半島部をまとめたのであるが、この社会的構造は小王を自分の配下に置き統一する方法である。例えばラキデンデ王は、4人の小王をウナハの周りに自分の片腕として配置した。4小王は次のように呼ばれている（図表7―1　トラキ族の王家の構図参照）。

① タンボイサバアノレヨ・サパティ・ラノメトのタンドゥアラ王
（太陽が昇る東を治める息子でラノメトにいるタンドゥアラ王）

② バルタイハナ・ポンガワ・トガウサのイパウル王
（右腕となるトガウサにいる王）

③ バルタイモユリ・イアサキイノア・ウェパイのウンバナヒ王
（左腕となるウェパイにいるウンバナヒ王）

④ タンボイテウリアノレオ・ラトマのブブランダ王
（西にいる王で、ラトマにいるブブランダ王）

この王の配置システムを軸に半島が統一できたと考えられる。またトラキ族の中で今も多少残っている伝統的な行政機構は、この当時できたものと考えられる。このシステムはオランダが来ても一部を改造しただけで、オランダ自体がこのシステムを利用していたようである。次にこの行政機構を述べてみたい。

図表7−1　トラキ族の王家の構図

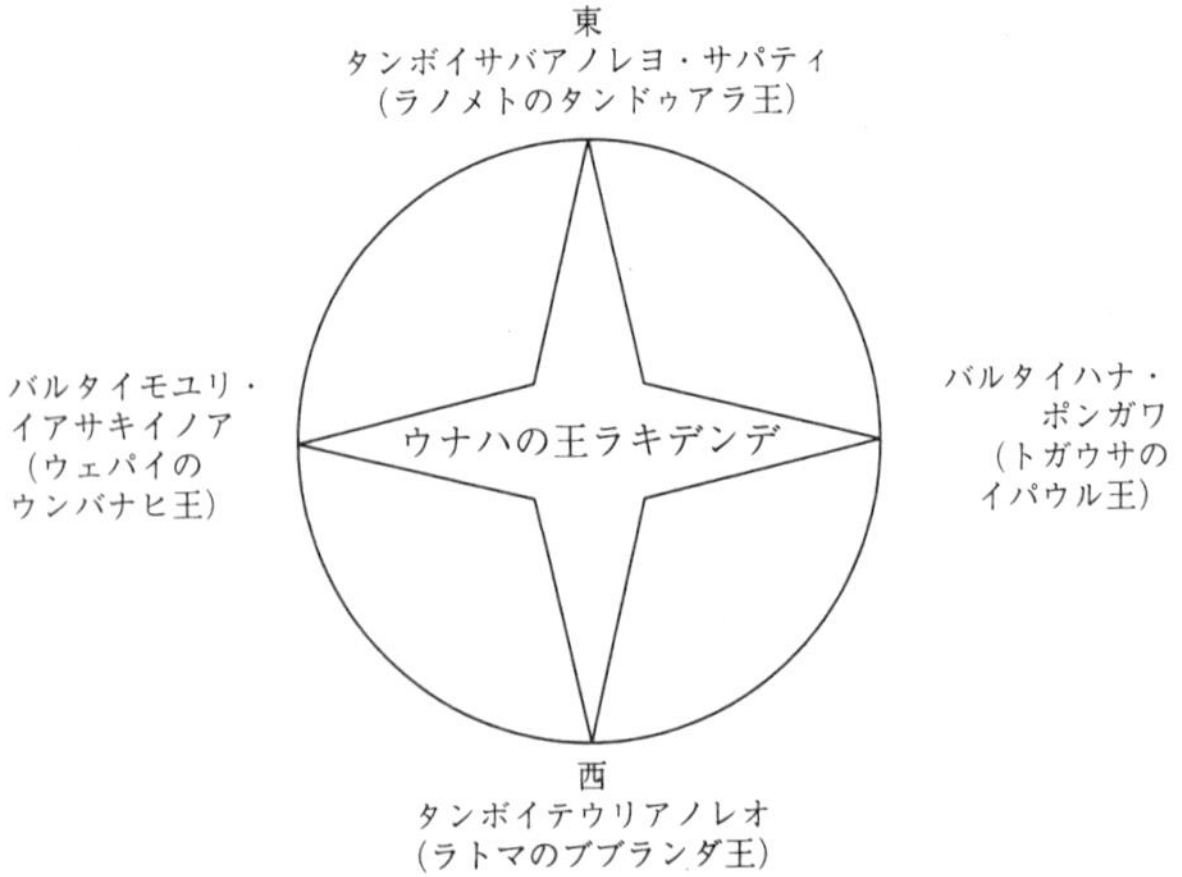

この時代の王は、大王に限らず一夫多妻制を採っていた。そのため王家の家族は拡大していった。王のことをトラキ語でモコレと呼び、本当のモコレは1人でこれが大王に当たる。そのほかに王家の血を継いでいる小王もモコレと呼ばれるが、地方の王を指す。モコレとは機構（Structure）を現す言葉で、王自体はアナキアと呼ぶ。そしてラジャとは王の家族で、地方で王の仕事をする人を言う。地方のモコレの下には、次のような行政機構を置いてあった。モコレの指名により、プトブ（Putobu）と呼ばれる地域の長を置いた。この長は、王の血筋を引いた親族がなり、モコレから派遣される形をとった。今の地位でいえ

ば、郡長にあたるものである。また同時にトウォモトオ（Towomoto）もモコレから任命された。この職は、王家とは関係ない一般の村人から選ばれ、通常長老が指名されている。つまり、歳を取っていて村人をまとめることができる人がこの条件となっていた。したがって、今の村長（Desa Lurah）に相当する。さらにパビタラ（Pabitara）と呼ばれる村の仲介人と、ポスド（Posudo）と呼ばれる村長の補佐役が選ばれる。これらの2人は互選されていたという。実際に彼らは、村の結婚式などの行事や、もめ事に動き廻る人たちであった。またこの社会、行政機構の中で、農民の生産した農産物や採集した自然からの収穫物の一部が、これらの役職の人に治められていた。さらには病人、未亡人等の働けない人にも、村人からこれらの一部が分け与えられる福祉の制度があった。これは相互の利益または相互関係（Reciprocity）とも呼ばれ、一般にどこの社会でもみられる形態である。ここでこのシステムの慣習、儀式化されている実例を挙げてみよう。

アソウル（Aso Ulu）＝長に納税するものとして、115束の稲（陸稲）、2個の50束の稲、そしてこれらの10山と3束

ラモコレ（Ramokole）＝王または地域の長に対し、肉の一部

オウケ（Ouke）＝村の長に対して、水牛の頭

ダラモレ（Daramole）＝村の稲を扱う長に対し、肉をとったときのその足

オアテ（Oate）　　＝仲介人（パビタラ）に、動物の心臓

これらの慣習は、社会をうまく維持するのに大事であった。また、農産物の豊作を願う意味でも重要であった。これを、オウア（O Wua）、オラウィ（O lawi）、オサパ（O sapa）と呼んでいた。もっと一般的には、親戚や近所の人たちに振る舞う習慣もあり、これをモベカカ　カアコ（Mombekaka kaako）と呼んでいた。

(2)　トラキ族の発祥と小国の分布

昔からの言い伝えなどによるトラキ族の祖先についての話は数多くあり、4つの物語（伝説）はよく紹介されているものである。しかしトラキ族の起源となると、次の2つの説が有力である。第一は北東部説である。これによると、華南あたりをトラキ族のオリジナルの地として、フィリピン、メナド、北スラウェシ、ハルマヘラ、東スラウェシを経て、ラソロ（Lasolo）川、コナウェハ（Konaweha）川を上り、最終的に渓谷の中でも割合と開けているアンダキ（Anddaki）地区を住むところとした説である（Sarasin 1905, Kruijt 1921）。トラキは昔、自分たちのことをトラヒアンガ（Tolahiangga）と呼んでいた。こ

の意味は「空から来た」ということだそうだ。中国語のHIUとは「空」ということで、トラキ語のHEOは「空へ行く」という意味で、この2つは非常に類似している。これらが華南オリジナル説の根拠になっているようである。また第二の説としては、南部説である。これは、ジャワ島をオリジナルとして、ブトン、ムナ島を経てコナウェハ川に入り、トレオ（Toreo）やランドノ（Landono）、バシラティ（Basilati）を居住地とした説である。

(3)　オランダ統治時代のトラキ族とクンダリの王

オランダが南東スラウェシに来たのは、1800年代である。オランダは、トラキ族の中にあったモコレ機構を統治に利用した。既存の機構にいくらかの人を追加派遣、整理して、現在ある地域分けのもとを作った。

ラキデンデ王以後、この家族が王を継承していったが、当時、王は一夫多妻制であったため、王家の家系は複雑となって不明なところが多い。また、ロンダラ・シルシラと呼ばれている家系図もあるというが確認はしていない。もともとトラキ族には文字がなかったようで、系統図があったとしてもアラビア文字か、またはオランダ統治時代のアルファベット文字で書かれたものであろう。通常、王家の敬称は第一妻の長男が継ぐことになっているが、もし男子がいなかったり、死亡したりした場合は、親族会議で後継者を決める。ただ、一番歳上の人がなるのが普通である（第一妻長男、第二妻長男等が順番となる）。トラキの一般社会でも長男継承型がとられているが、それほど強いものではない。この慣習もイスラム化以後のことで、それ以前のラキデンデ王以前は、女性も同等に継承に参加していたようである。例えばこのラキデンデ王の前の王はウェコイラ王と言われ、女性であったという。そして歴史は歌として言い伝えられており、文字として残っているのはラキデンデ以後のことと考えられる。親からの継承や遺産相続はむしろ親族で話し合い、生前における遺産分配で行われる。

この状況下でオランダがクンダリに入って来た時に、小王を継いでいた人が何人かいた。そしてラキデンデ王の直系の子孫であるというラポベンデ（Lapobende）王と、レポレポにいたサオサオ（Sao Sao）王のどちらかが、オランダからクンダリ王として指名を受けることになっていた。しかしラポベンデ王が急死したため、サオサオ王がクンダリの王として君臨した。サオサオ王の後はテカカ（Tekaka）王がモコレとなり、その後、アンディバソ（Andibaso）が継いだが、彼はテカカ王とは腹違いの兄弟で、母がボネから来たという。ただ、この時から王制度は廃止になったため、彼は王でなくなった。そして

1984年に死去している。その後、ポンガルクに住んだアンディマンゴと、1990年代まで生存していたバルガ氏へと継承されている。

ラノメト村のトラキ族

ラノメト一帯には、モコレとしてショロンバ王がいた。プロジェクト開始時の1991年のラノメト村村長は、このショロンバ王の系列につながるという。ショロンバ王は、1606年、南スラウェシのハサヌディン王とほぼ同時代に出た王であるという。ショロンバ王から数世代を経てティケケ王が出たが、ここに至るまではシルシラと呼ばれる系図があるという。プロジェクト時の村長の父親はハジ・ラモセといい、5人の妻があったが、そのうちの4番目の妻の子供として生まれた。4番目の妻、つまり村長の母親にあたる人はすでに死去しているが、村長の他にもう1人子供があった。父親の5人の妻の子供を全部合わせると42人になるという。この父の親（祖父）は、トウルナンタワカルという名のティケケ王、ショロンバ王の一族であった。また、村長夫人はアモイトから来たトウルナンジャヤの系統の人である。ハジ・ラモセの4番目の妻、つまり村長の母親はポンガルクから来たリンガアラ王（ラジャ）の出身である。日本軍が来る前までは、父親の4人の妻はアモ

図表7－2　ラノメト村の村長系統略図

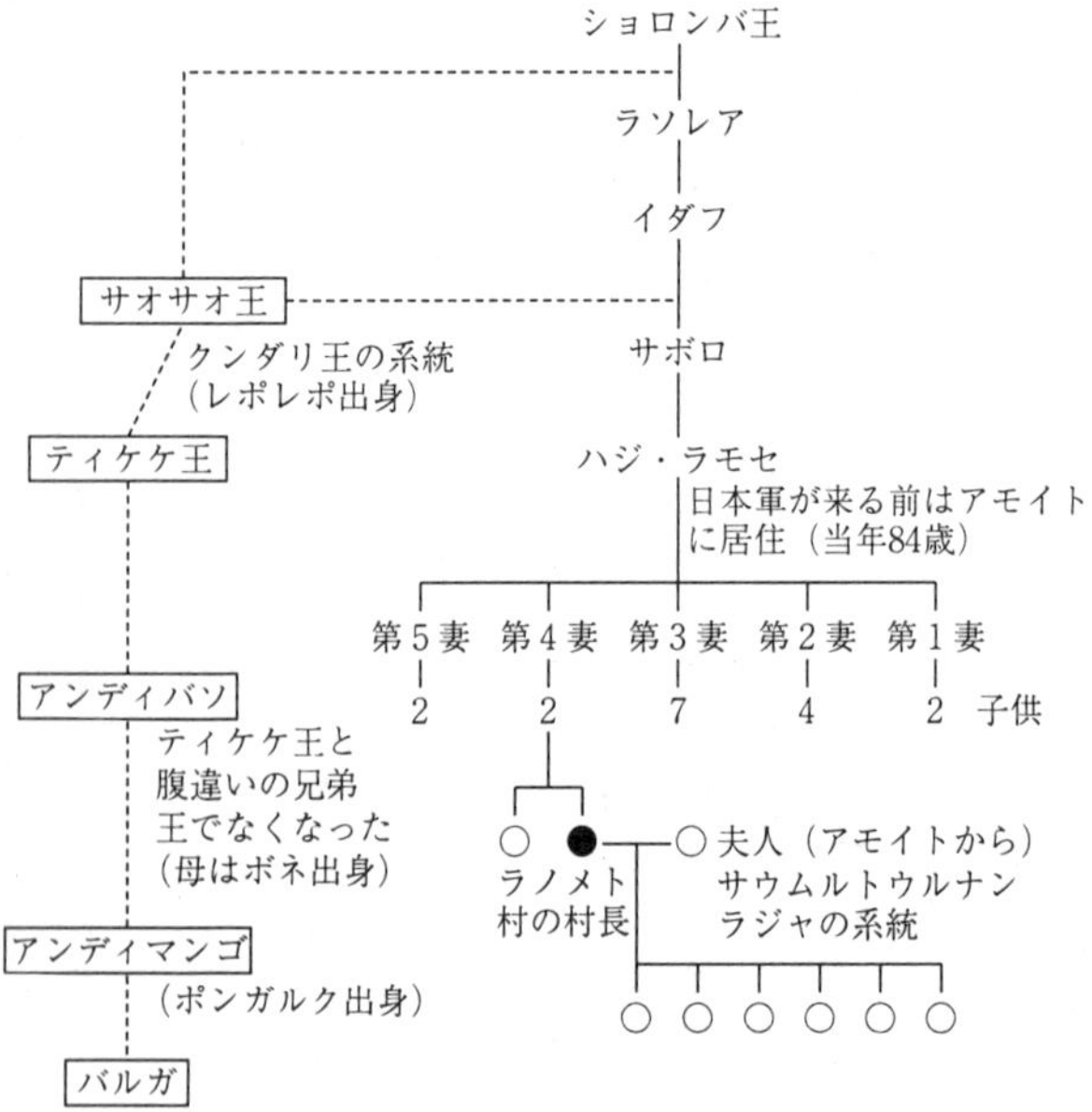

イトの一軒の家に全員住んでいた（1人は中央スラウェシのパルの人で、遠いので別に住んでいた）。今も第3の奥さんと一緒にクンダリに住んでいる。図表7―2にラノメト村の村長系統略図を示した。

パランガ村周辺の歴史

南東スラウェシ半島は、ウナハのラキデンデ王の支配下にあった。パランガ村は、周辺もウナハ村周辺もウナハの王と関係した。その中でアンドロ（現在のアランガ村）には小王（モコレ）がいて、この地帯を統治していた。名前はシロンダイ（Silondae）王で、後にクンダリをはじめ各地で一派の勢力を拡大していった。このシロンダイ王は、ウナハの大王とも関係が深かったようである。したがって、パランガとウナハの関係は割合と親密である。アランガ村は現在パランガ村の隣村となっているが、もともとはアンドロと呼ばれ、アランガ郡としてパランガ郡、ティナンゲア郡、アランガ周辺を統一していた地区であり、まだシロンダイの末裔が住んでいる。パランガ周辺には、シロンダイを中心にトンガサ（Tongasa）、トガラ（Togala）の家系のモコレ・プトブ（郡長に相当）の家族がいた。これらの末裔で、今のパランガの人脈はできあがっている。プロジェクト時のキヤエヤ村長（女性）はこのシロンダイ王の家系の1人で、血を強くひく。プロジェクトのカウンターパートで農業者職員であるアンディ アリアも、シロンダイ王を祖父としている直系である。パランガ村の村長夫人もこの系統に属し、パランガ地域を支配していた家系にあたる。さらに、キヤエヤ村長の夫やパランガ郡郡長もこの血をひいており、パランガ村長夫人とキヤエヤ村長の夫と郡長の3人はシロンダイとトガラの関係の血縁関係にある。

このようにパランガ周辺は、もともとアランガのモコレであるシロンダイ王によって統治されていた地区であった。プトブはアランガにもパランガにもいて、パランガのプトブは

図表7－3　パランガ，キヤエヤ村の周辺の王家の系統図

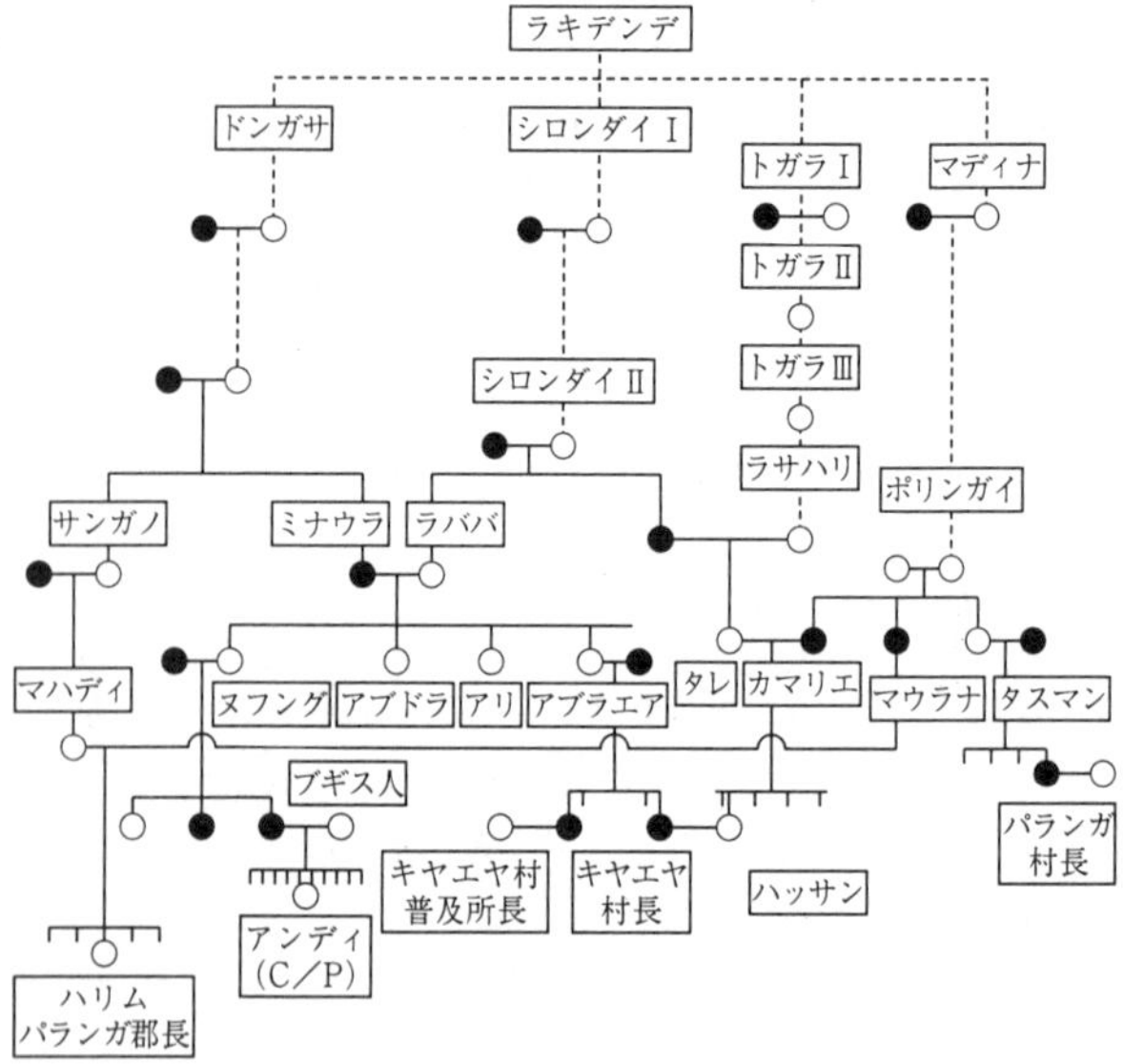

ダゥアレ（Dawale）と呼ばれ、バラシ村（パランガ村から21㎞はなれた郡）にはダゥアレと兄弟のカスンバが統治していた。プトブはトノモトウ（村長に相当）を指名し、村の行政を任せた。パランガにはすでにプトブはいないが、パビタラはいる。パビタラは、主に仲介、仲裁人として冠婚葬祭の人との連絡役、もめ事の仲裁などのまとめ役で、彼のアレンジの後、最終的にはパビタラが問題解決の判断をする。図表7―3のパランガ、キヤエヤ村の王家の系統図を参照されたい。

パランガ村における歴史

昔からこの村に住んでいて長老でもあるラサク（Rasak）氏の話を、近所の人も交えて聞いた。トラキの昔の組織については、すでに時が経っているので記憶が薄れているようであったが、上記の村の例とほぼ同じ話を聞くことができた。

トラキ族のシンボル〝カロ〟(kalo)

「カロ」とは、トラキ族の精神を表すシンボルとされているものであり、社会におけるコミュニケーションの形式を導くものとされている。したがって、これは人と人との関係において使われるし、また人と自然、人の活動において使用される。

「カロ」を具体的に表現したものは3本のロタン（ロタンヤシの蔓＝籐蔓と同じ）を撚った輪で、結び目を1カ所に置いたものである。ちょうど日本の「しめ縄」に似たようなものである（写真7―1参照）。通常5種類の大きさがあり、身分の違いにより使う大きさが異なる。最も位の高い人は体が入る大きさの輪を使い、次いで頭の入る大きさの輪、頭にのる輪、足の膝が入る輪、そして足の親指が入る大きさの輪となっている。この「カロ」は結び目が大切で、編み方が違うと使えない。したがって、主に年寄りによって編ま

写真7－1　カロをもつトラキ族の祭司

れるという。現在は、昔ほどトラキの習慣が多く継承されなくなったので、この儀式はなかなかみられないが、結婚式では今も使われている。この方法は、仲介人が親のところに行き、結婚の話を進めるところから始まる。ここで使われる「カロ」は小ゴザの敷物の上に乗せられ、輪の「カロ」の結び目の下にシリー（sirih）の葉（噛みタバコに使う葉）、時には胡椒の葉を置き、この上にネヤ（ビンローヤシの一種）の実を置いたものである。これを仲介人から親に話をする時の始めの儀式として使い、最初に仲介人が結び目を手前にして3回この「カロ」を頭の上まで上げ下げし、机または地べたに置いて、結び目を相手側に回す。その後、両者肘をついて握手を行い、儀式は終わる。通常は、このしきたりは若い人から年寄りの方に向けられる。

プロジェクト開始時のトラキ族の村々

現地調査として、これまでにプロジェクト対象の8村の概要調査を実施し、また、サゴヤシ農業を行っている伝統的農村の調査を実施した。さらに、先住民トラキの歴史を探るために聞き取り調査を行った。ここではさらにプロジェクト対象村だけでなく、トラキ族の伝統的農村についても歴史と現状を探ることにした。とくに伝統的農業であることがわかった、陸稲、サゴヤシの現状を他の村でも調べることにした。

⑴　北モウェウェとサンゴナ地区のトラキ族の生活と歴史

ここに住んでいるトラキ族は、もともとメコンガ語を話すトラキ族で、メコンガ族と呼ぶこともある。メコンガとトラキは、社会、生活形態ほぼ同じで、言葉もメコンガ語はトラキ語の一方言的なものとなっていて、お互いに話すことには支障はない。このメコンガとは、メコンガ山脈に住んでいる人々を通称して呼んでいたことから発しているようで、コラカ側の人をメコンガと呼び、クンダリ側の人をトラキと呼んでいた。この地に来たモウェウェのサンゴナ、トワンガ等の人々はまさにメコンガの子孫であり、メコンガ語が話されていた。現在は、クンダリのトラキと混ざりあって言葉も両方使われている。この地に最初に入って来た外国人はオランダ人で、1925年にキリスト教の布教の目的で来たという。この宣教に携わりながら、ココナツヤシなどの栽培を普及したという。とはいうものの直接技術を導入するというよりは、種子の配布を通してこれらの作物の栽培を奨励した。その後、日本軍の進駐によりオランダ人に取って代わり、日本兵は旧アヒルル村に滞在し、これより奥の村も統治下に置いた。日本軍による統治がなされ、教育（日本語）も実施された。1992年に訪問した時に、一番奥の村で、日本兵から習ったという日本の歌を老人が歌ってくれた。日本軍が引き上げた後は、それぞれの地区で焼畑とサゴヤシ栽培の生活が行われていたが、インドネシアの独立とともにイスラム統一戦士を恐れ、政府は低地における定着化農業政策を山奥の住民に実施した。この地区でも、現在のアヒルル村より奥の村をすべて下流にもってきた。一番奥の村であるプラウ（Purau）村やトンガセナ（Tongasena）、アンゴアミ（Anggoami）、アンドラキ（Andulaki）、アラハ（Alaha）村には現在、人は住んでいない。また定住化政策に伴い、ココナツをはじめとしてカカオ、カシューナッツ等の永年作物の普及を導入している。サンゴナ（Sanggona）村、タワンガ（Tawanga）村、ラトマ（Latoma）村の一部の住民は、1955年頃にウナハに移住し、第二の村を形成している。そのため、ウナハ周辺には山奥と同じ名称の村が多くみられる。サンゴナ村の場合、当時300~350世帯あり、部落（ドスン）であったが、宗教統一の内紛により二派に分かれて、一派がウナハの方に移住した。生活の基盤は農業であり、焼畑（陸稲、アワと混作）、サゴ澱粉採取、ロタン取りが中心となっていたが、現在はカカオの栽培に重点が置かれている。サゴが少なくなった地区では、カカオを売ってサゴを買うようになり、カカオは現金収入の源になっている。しかし村の収入は少なく、貧しく出稼ぎが多い。農民グループもあるが活動は活発でなく、グループの形成も完全なものでなく、コンタクトファーマー（農民リーダーで、農業普及上の農民と行政をつなぐ役目の人）もいない。また農業普及員も、県都のコラカ市にいてほとんど来たことがないという。

(2) 先住民トラキ族の現状社会とは

先住民トラキ族は、近隣地域のブギス族、トラジャ族、海洋民族であるブトン族、ムナ族の影響を受けながら独自の小王国を築いていた。とくに北部の山岳地域を拠点としていた民族が平坦地へ移動して、湿地と丘陵地を生活圏として活動を行っていたと理解できる。そして焼畑農業と森からの自然の産物を採集､採取して生活の基盤にしていたことになり、田畑の耕起を伴わない農業であった。したがってこの上に成り立つ農村社会は、典型的な東南アジアの山岳民族として位置づけられると考える。また近年は、バリ、ジャワからの島外の民族や海外からの民族も加わって、開発が進められるようになってきたという状況である。このように、開発地域の社会状況、開発の歴史的発展過程を理解することで、開発アプローチが見えてくる。やはりトラキ族にとって水稲栽培は新しい農業で、農村社会もまだ水田耕作に適応できていないと考えることができる。

人類学的、社会的調査は必要か

プロジェクトでの事前調査は、社会調査として実施している。しかしながら、１９９０年代以前には、事前調査に社会調査を含めることは少なかった。理由として、当時日本では開発調査コンサルタントで社会学、人類学を専門とした開発調査員を有することが少なかったのである。それだけ、この業種においてニーズが少なかったともいえよう。１９７０

年代に筆者が担当して農業開発調査案件を進める上で、社会学・人類学の必要性を感じて、調査団にこの専門員を入れた経緯がある。しかしながら、研究としては現状が明確化されたが、開発計画として取り入れるものが結論として得られなかったことが問題としてある。また、考え方において求める社会の次元の違い、時間的捉え方の違いの大きいことが判明した。開発計画では短期的に求めることが多いのに対して、社会人類学では長期的なものであり、開発に必要な条件を絞り込むことはしないことが多かった。このことから、開発と社会人類学のマッチングは、十分ではなかったといえよう。しかし、1990年代に入り、プロジェクトの持続が求められるようになると、改めて農村を対象にする場合には、技術だけでなく、農村成立の背景を知る必要性があることを実感した。これは、プロジェクトの持続性と農村社会に合った技術であるかを判断する上で重要な要素となるからである。本プロジェクトでは、先住民の伝統的農業を行っている村に移住民の行っている水稲栽培を技術移転し、新しい農村社会を構築することであるとの開発目標が明確化される。

以上、トラキ族の歴史と伝統的生活、村形態を述べた。それでは、これらの調査が農業・農村開発プロジェクトでどのような意味をもつのか考えてみたい。村がすでに近代化している、あるいはすでに近代経済社会が取り入れられている場合は、それほど多くの人類学的調査は必要ない。周辺には多くの調査がなされているからである。しかしながら、伝統的文化を維持している村に近代技術を導入しようとする場合には、単に人・モノ・金を入れただけではこれらを活かすことはできない。開発は社会変容を伴うものであり、どのような有益な方向に変えていくかは、村の開発では重要な課題となる。とくにこのプロジェクトでは、民族の構成の違いで村の開発の仕方を変えなければならないことを学んだ。これをまとめると次のようになる。

(1)南東スラウェシは、先住民と他の島から来たいくつかの民族で村が成り立っている。村は、先住民だけの伝統的農村、移住者が入ってきて先住民と一緒に暮らしている村、そして移住民の村とに分かれる。この村の区分がわかった時に、初めて村づくりをどうしたらよいのかを考えられるようになったという事実がある。もしこれを知らずに無視していたら、金太郎飴式の請負型の均一、同一型施設整備事業になってしまったであろう。

(2)先住民の村では、伝統的な農業である、焼畑、サゴヤシ農業、永年作物が栽培されている。また、伝統村に他の民族の水稲栽培をもった人が入ると、水田が始まる。移住民だけの村では水稲栽培が主体に行われる、という村の形態があることがわかった。

これは民族の経験が農業に現れることを示しており、今後の農業を考える点で重要なことになる。

(3)この地では水田が将来的に必要であることはわかった。これは農業の発展過程を知ることで、次に想定される農業が判断できる。では、どのように水稲栽培を拡大していくかが課題となる。技術開発と移転が必要となるが、先のとおり農民の農業における経験が大きな要素となる。稲作技術をもった民族と、稲作を初めて行う先住民の民族では、技術移転の方法が異なる。これを間違うと技術移転がうまくいかないことになり、プロジェクトの成否につながる。

(4)とくに水田管理には、農民個人と社会として受け入れることの二面性があり、農村という社会が受け入れる必要がある。農村社会がどのように水稲栽培システムを作っていくかが技術移転の最終段階となり、経済・社会変容が起こることになる。

(5)したがって、農村構成の民族の違いによって開発アプローチが異なることも考えなくてはならない。とくに農業普及においては、単に技術を教えるだけでなく、どのような手法を取るかが重要となり、体制作りが重要となる。そのためには伝統社会の構造を知ることで、農民間の力関係、リーダーとしての適任者の判断など、プロジェクトを運営していく場合の参考となる重要な要素を調査から把握できる。

(6)伝統的農村が今後、開発を行っていく上で、どのように変容するのかを予想する必要があり、これに合った処置を行う必要がある。とくに伝統的社会システムと新しい国のシステムとがどのようにバランスを取っていくかである。むろん、これには経済的要素が大きく影響する。また、村民の力関係も変わってくることになる。また、移住民との関係、行政との関係などを考える場合に参考となる。

(7)このような考え方自体を、現地の人々が自ら考え、実行できる条件を作って協力してあげることがODAプロジェクトである。意外と、現地の人自身が現状の社会を理解していない場合が多い。このような調査は、第三者あるいは外部者（開発関係ではこのようにいう）が客観的に見てわかることが多い。

(8)また、このような調査を行うことは農民と親しくなる機会でもあり、コミュニケーションをとる機会ともなる。とかく援助プロジェクトでは何をしてくれる、何をしてほしいという要求が多い中で、このような調査は関係者には利益にならないことなので、中立的に物事を把握することができる機会でもあり、私的機会を作れる時でもある。後で信頼関係を築く場合に、よい機会ともなることが実証される経験を得た。

第三部　村人が技術を受け入れるとき

第8章　新しい農業としての水稲栽培

トラキ族は、南東スラウェシ州の半島部分の東側に住んでいる民族である。この半島の西側に住んでいる民族はメコンガ・トラキと呼ばれているが、言葉が多少異なっているもののほぼトラキと同族と考えてよいであろう。この地域の人々の主食は、伝統的なものとして陸稲とサゴ澱粉であることはすでに述べた。生活の基盤は、狩猟・採集と焼畑農業、そしてサゴヤシ澱粉採取である。狩猟では魚、鹿、猪等を獲り、副食とする。焼畑では12月の雨期入りに陸稲の種まきを行い、3月から4月にかけて稲穂を収穫する。しかしながら、最近は天候不順で、播種期が遅れて収穫も遅れている。播種は、棒で穴を開けて穴に種をまくか、種をばらまく散播を行い、その土の上を軽く木の棒で撹拌する単純な方法が取られる。管理は、時々除草をするくらいで多くの手をかけない。収穫は、アニアニという道具で稲の穂刈りを行うのが一般的である。このようにして収穫したコメは、家に貯蔵しておく。貯蔵庫は別棟で建てる場合もあるが、家（高床式）の一角を貯蔵庫にしてある。そして、次の収穫があるまで貯蔵するが、多くは1年を通しての収穫を確保することは難しい。ちょうど雨期に入るころから食料が足りなくなる。そこで、低地の湿地帯にあるサゴヤシから澱粉を取ってそれを主食とする。サゴヤシ澱粉抽出には水が必要であるため、雨期に入るとこの作業が容易になる。むろん、サゴヤシの多く生えている村では1年中サゴの澱粉抽出を行い、これが専業となる。

また、丘陵地の森からはロタン（籐と称される）、サトウヤシからの砂糖、蜂蜜などが採集される。ロタンとはヤシの仲間で、篠竹のように伸びて蔓のようになるので、用途が日本の籐と同じである。そして開墾された場所に、カカオ等のエステート作物と言われる大農園作物が植えられる。これらの永年作物は、政府が原始的農業を行っている農民に対して奨励したものである。このように自然との付き合いがトラキの伝統的農業である。しかし、サゴヤシは澱粉を取るのに10年以上の生育期間が必要であるため、一部の農民からは、サゴヤシの生えている湿地を水田に変えようという案が出されている。また、州政府の農業関係者も、経済の高度化で、伝統的な農業から近代的な農業への変化を政策に入れている。近代的農業とは、高収量品種を使った水稲栽培がその典型的な形態として扱われている。

トラキ族の社会にいつ水稲栽培が入ったか

このように、トラキ族にとって水田耕作は新しい農業として位置づけられ、伝統的には水稲栽培技術はもっていなかった。南東スラウェシ地域でも、現在は多くの場所で水稲栽培がみられるが、この水田の多くは他の地域から来た移住者が行っているものである。この地域は、ジャワ（スンダ、ジャワ）、バリ、南スラウェシ（ブギス、トラジャ）、ブトン島からの移住者が多い。移住は、国家の移住政策で来た場合と、スポンタンと呼ばれる自由意志で来た場合に分けることができる。国策移住の場合は5年間、国が移住者を補助するが、スポンタンはすべて個人に任される。

ブトンの人を除いて、他の民族は古くから水稲栽培を彼らの地で行っていた人たちで、小さいときから水稲栽培に触れている。例えば、ジャワの耕作移住者は水利のよい場所を移住地として選んでおり、耕地の近くには丘陵地を見つけることが多い。これは、彼らが小山を水源地としてみている場合が多いと思われる。このように外部からの移住者は、水田ができることを前提条件として移住を考えていることがわかる。また、あるトラキ村長は、「日本の兵隊さんが教えてくれた」とも言っている。またこれ以前の戦前に、オランダ人宣教師が導入を試みたという話もある。しかしながら、トラキ自身で水田をやりたいというのは限られていた。この村長が若い時に中心となって、仲間と水田耕作の導入を試みるためにジャワに研修に行ったこともあるとのことであるが、これで必ずしも水田が定着したわけではなかったようだ。

したがって、トラキの地に水田が定着したのは、水田耕作の技術をもつ移住者によってインドネシア独立後の移住政策を背景として、この地にもたらされたものと考えられる。

サゴヤシ農業から水田耕作への移行の条件

サゴヤシ農業は、サゴヤシの幹に含まれている澱粉を抽出して、この澱粉を食料として供給することである。澱粉抽出は、サゴヤシに限らず、多くのほかの作物でも行っている。最も一般的なのがイモ類である。南米を原産とするキャッサバは、今では世界中で澱粉生産のトップの座を占めている。ジャガイモも同様である。また、穀類でもトウモロコシ、小麦、コメ等の澱粉を粉として利用している。しかし、サゴヤシは穀類と違い、直接粉にできず、水でさらす作業があるため、イモ類の澱粉抽出と同類の形態をとる。したがって、サゴヤシ農業で澱粉抽出作業は大変な重労働となる。サゴヤシの繁茂している地域は湿地であることで、切り出し作業も大変となる。ヤシであるため樹木としては扱われないこともあるが、樹木と同様で、澱粉抽出に使われるヤシ樹の直径が60cmで、樹高は10m近いものが一般的である。そのために切り出し後の処置がまた重労働である。そして、幹の髄に含まれている澱粉は、髄を粉砕して、水洗いすることで抽出する。これらの作業は森の中で行われ、作業場も移動できるような簡易な施設である。そのために、作物栽培する作業からみると過酷な作業と受け止められる。今の日本で言うところの3K（きつい、汚い、危険）の部類に入る。現地のサゴヤシ農家に、子供たちにこの仕事を続けさせるかとの質問をしたところ、「子供次第であり、もし意志があればやってもいいし、やらなくてもよい」と、サゴヤシ農業に対して消極的な回答であった。しかしながら、食材としての必要性に対する質問には「なくてはならないもの」との回答であった。つまり、食料としては必需品であることがわかるが、農業としては低位のものという、職業劣等意識が働いているように思える。生まれ育ったときから食べていたものであるから、無くすことはできないのである。トラキ族の主婦に主食の調査を行ったところ、サゴは欠かせない食料で、1日に1～2回は食べないと元気が出ないという。そのほかにコメ、トウモロコシ、イモ、バナナなどが挙げられた。しかしながら、職業的差別ではないが、サゴヤシ農業は原始的で低位のものと、トラキ族自身に劣等意識が働いているように思われている。このようなことから、できれば他の農業に移りたいという意志がある。その他の理由として、サゴヤシの樹木数密度の低下である。地方の開発が進むにつれてサゴヤシの林は伐られ、サゴヤシの数が減ってきている。そのために、十分な量が確保できないという理由もある。そして、最も大きな理由としては、サゴヤシが生育するのに年月がかかることである。澱粉が抽出できるまでには、10年以上の生育期間が必要である。そのために、本数の少ないところでは待ちきれないことになる。一方、水田であれば年2回の水稲栽培が可能であるとの認識をもっている。したがって、彼らにとって水稲栽培は魅力ある農業となる。

サゴヤシにかける期待

サゴヤシは飢餓作物または救荒作物としての認識もあるが、澱粉含有率が高く、キャッサバに次ぐほど重要な作物となっている。南東スラウェシ州はもともとイモ文化圏であり、サトイモ、ヤムイモが主食となっていた。またパプアニューギニアでは、山間部ではサツマイモが主食であるように、ここでもサツマイモを一部で作っている。キャッサバは新しく入ってきたイモであるが、トウモロコシと同様に最も一般的な作物になっている。これらのイモと同様に、サゴヤシ澱粉は位置づけられる。サゴヤシは湿地に自生するサゴで、他の植物が生えにくい条件下で生育するため、湿地帯での優勢植物となって群落を作っている。そのために、農民はいつでも澱粉を収穫できる。澱粉抽出作業は湿地での作業となり、重労働である。したがって、他の栽培作物があればそちらの栽培に移る可能性はある。しかし、伝統的に食べていたものを他の食物に変えることは、短期間では無理がある。したがって、サゴを無くすことはできない。家庭レベルでは小規模な作業でサゴ澱粉を抽出できるが、大規模経営となるとサゴヤシ本数の密度を高くしなければならない。

農民の新しい作物の導入

水稲は、この地では新しい作物として捉えられている。米は、焼畑で作る陸稲を食べているが、水稲については技術と施設が必要なために、まだ栽培されていない。水稲栽培をするのには技術と資金が必要になる。とくに初期投資として多額の資金が必要となり、農民にとっては補助がないと導入しにくい。中でも圃場の起耕作業は重要で、田起こしができることで水稲栽培が開始される。たとえ農民が水稲栽培を行いたいとしても、起耕ができないと水稲栽培はできないことになる。よくハンドトラクターがないから水稲栽培ができないということを農民から言われる。これはやはり初めて水稲栽培をする者にとって、初期投資のできないことに起因している。サゴヤシであれば、森に生えている自然のサゴを伐ればよいので資金は必要がないという現状認識から考えれば、大変なことである。このように、狩猟・採集農業から新しい耕作農業に移る場合は、資金と技術が重要な要素となる。

トラキ族の社会に水田が入る時の条件と社会構造変化

プロジェクトが実施した技術移転は、焼畑・サゴヤシ農業から水稲栽培農業への技術移転であった。この技術移転は「水稲栽培に必要な技術」をもっていない農民に教えるという構図で、単純な技術移転プロジェクトになる。しかしながら、社会的・歴史的に水稲栽培を行っていなかった村に水稲栽培を定着させることは大変である。まずそのためには、農民が水稲に興味をもたなければならない。これをどのように確認するかである。プロジェクトでは、事前調査の段階で農民のニーズ調査を行っている。この調査がどのように行われたのか知ることが必要である。

日本から派遣された事前調査団が、現地州政府関係者とプロジェクトについて協議を行い、すでにあった原案が協力対象となり得るかを検討した。この時に、8村が対象になったことは先に記したとおりである。それではその時に農民が本当に水稲栽培導入に興味をもっていたかである。日本側調査メンバーほとんどが農学土木技術者であったこともあり、技術協力の考え方のもとに水田ありきという構図があったのかもしれない。また、農民の中には水稲栽培技術を知らなくても、水稲は魅力があり、もし援助で水田を作ってくれるのであれば喜んで受け入れるという姿勢があったのではないかと考えられる。すでに、村内で移住者によって水稲栽培が実施されている村なら、適地があれば問題なく水田の拡大を望むことは想像できる。実際に調査団は村人の案内で水田予定地を案内されて、適地であるか確認している。また、水田推進派は村長をはじめとした村の有力者であり、必ずしも村人全員であるとは限らない。どこでもそうであるが、無償であれば、「やります」という姿が浮かぶ。また、行政側も予算が来るので大歓迎であり、水稲栽培導入を拒否する理由はない。

第9章　水田が持続している村、していない村

プロジェクトは終了したが、そのあとは

実施したプロジェクトの成果を評価することは、ＪＩＣＡではプロジェクト終了時に行っている。しかしながら、終了時にプロジェクト効果を評価することは困難である。これはあくまでも予定通りにプロジェクトが進んだか、また、当初の期待された効果が出ているか調べることに過ぎない。つまり、ＪＩＣＡではこのプロジェクトを予定通り終了するか、フォローアップが必要かを判断するために評価を行っている。真のプロジェクト評価は、終了後3年なり5年後に行うほうがより効果を判断しやすい。農業案件では、さらに年月が必要である。南東スラウェシ州農業農村開発プロジェクトは、プロジェクト自体の協力は1997年に終了して、プロジェクトの中心的活動を州のほうに移管した。しかし、プロジェクトで遅れた部分を実施するために1997年～1998年まで延長となった。

その後1999年と2000年にプロジェクトのフォローアップを行った。このような経緯で、結局10年近くの協力が実施された。

これから5年後、プロジェクトが始まってからは15年後に、このプロジェクト対象村を訪れることができた。そこで見たものは、水稲栽培が継続して実施されプロジェクト活動を行っている村、すでにプロジェクトの面影がなくなっている村など、村によって異なるものであった。農業開発の場合、10年という長い期間を置いて存続している活動は評価されるものであろう。現地に適応できなかったものは、やはり10年以内にはなくなるものである。むろん、10年もたてば、プロジェクト以外の経済的影響が出てくることは確かである。しかし、投入したものが使われているということは持続していることでもある。

伝統的農民トラキ族が水田技術を受け入れるとき

(1) 水田技術は難しい

伝統的先住民族トラキ族の農業は、狩猟、採集、半耕作である。先住民の地はまだ自然が残り、ここからの資源を利用して生活を営んでいた。自然からの贈り物は狩猟した鹿や、川からの魚などの動物であり、野山の草木、蜂の子やサゴヤシの中の幼虫などの昆虫も食料となっていた。このような自然からの採集・採取だけでなく、これに自分で耕作する行為が始まったのである。最初が焼畑である。焼畑では、この地域に適した作物が栽培される。インドネシアはイモ文化圏として言われており、ヤムイモ（山芋の仲間）、タロイモ（里芋の仲間）が栽培されるが、陸稲が主体として栽培される。陸稲は貯蔵性がよく、栽培も水稲に比べ容易で、土地を整地する必要が少なく、種をまくだけで収穫できるなどの利点が多い。したがって、まだ十分に資源の残っているアジアの自給自足の農村地域で一般的にみられる農業形態である。それとサゴ農業である。ここではサゴ農業を、サゴヤシから抽出した澱粉と葉等の植物体を利用した建築資材（マット）作りを含めていうことにする。

クンダリ地方の先住民はトラキ族であり、もともと自然の恵みを享受した生活であった。この地域にも近代化の波が押し寄せた。そのために陸稲とサゴヤシ農業だけでなく、新たな農業体系が求められた。水田における水稲栽培である。いままでに水稲栽培を行った経験がない民族である。水稲がなくても、陸稲やサゴ澱粉で人々の食料を十分まかなうことができたのである。

サゴヤシは湿地における優勢種であり、人間にとっては管理しにくい湿潤地で群落を作り繁殖することから、貴重な食用作物である。とくに1年に1回だけの栽培である陸稲の貯蔵が切れるときには、十分食料を補給できるものとなる。この組み合わせは、非常に合理的であった。トラキの山間の村を訪ね、村の長老に1年の農業の話を聞いた。この地では、乾期に焼畑を準備する。つまり9月ごろから11月ごろにかけて木を切り、耕作地を確保する。新しい焼畑地は林の伐採から始まり、火入れを行い、栽培地を準備する。前に栽培した圃場は木がないので草や藪を刈り、火を入れる。このように雨期前に圃場を準備する。12月ごろに雨が降り出すと播種を開始する。雨が降り出すといっても、ここでは1日中降り続くというわけではない。また、雨期の入り方は不順で、期間の幅をもっている。播種は、トガルと呼ばれている棒で穴をあけ、そこに手でモミをまくという非常に簡単な方法である。あとは時々草取りをするくらいで収穫時期を待つことになる。収穫期は3月下旬から5月にかけて行われるが、品種や播種の時期によって時期がずれる。いずれにしても雨期の終わりには収穫が終了する。そして、このコメは家の隅に作られた貯蔵室に蓄えられる。また、貯蔵庫として別棟の貯蔵小屋を建てる人もいる。トラジャの舟形屋根のつくりをした建物は有名であるが、この小さなものは倉庫として使われている。いずれにしても、収穫、貯蔵の後は、稲栽培の仕事は終了である。コメは1年後の収穫期まで貯蔵できるが、どうしても1年中確保することは難しい。そしてコメがなくなると、低湿地に行ってサゴヤシの澱粉抽出作業を始める。サゴの澱粉抽出作業には水が必要であり、雨期に入るとこの作業は十分対応可能となる。また、最もコメが欠乏する時期がコメを栽培する時期であり、次の生産物ができるまでである。したがって、コメを作るときは高台に上がり、これが終わると湿地におりて、サゴヤシから澱粉を抽出する。このように1年の主食確保の作業体系ができている。

トラキ族は代々、水田での水稲栽培は経験したことがなかったのである。彼らにとって、新しい技術が必要となる水稲栽培を導入することにした。とりあえずは、彼らが水稲栽培導入をどう考えているかを知る必要がある。プロジェクトとして対象となる8村での聞き取りと、地理的に開田が可能であるかを知るために、日本から専門の調査団が派遣された。調査の結果、7村に対して水稲栽培を行うことが必要で、そのための灌漑施設、道路などのインフラ整備について日本側が協力を行うこととして、開発計画を策定することになった。しかし、この時点ではまだ先住民と水稲栽培の関係は十分調査されておらず、単に灌漑、圃場整備についての可能性だけの調査であった。栽培技術を知らない人にどのように技術を教えるかという課題は、単純なマニュアル手法の技術移転では適応できない。この技術移転を、プロジェクト活動の中心として取り上げたのである。そのために農民研修を実施したり、必要な技術は直接実施活動の中で教えたりする手法がとられた。

さて、このような技術協力活動を実践したプロジェクトの成果は、農民に受け入れられて持続して、新しい農業として農村に定着し技術が受け入れられる必要がある。そこで、プロジェクト終了からすでに10年以上経過した農村で、導入した水稲栽培技術はどのようになっているかを村ごとに調べることにした。JICAプロジェクトにおいては5年までの評価は実施しており、10年以上については1、2件あるが、ほとんど行っていない。とくに技術移転としての視点からは、さらに限られている。この視点から、本調査は持続性を知る上で有意義なものとなった。

(2) 15年後の村の水田の状況

プロジェクトにおける水田の活用と維持管理について、持続性の観点から考察した。対象村8村のうち、水田耕作を行っていたのは6村で、そのうち2002年に調査した時より水田面積が増えていた村が2村あった。ただしラエヤ村はプロジェクトとして当初から、水稲栽培普及の対象に入れていなかったので、ここでは除外することにする。ラロバオ村だけは大幅な水田造成が行われ、今も水稲が栽培されている。また、4村はプロジェクトの終了から引き続いて、いまも水稲栽培が実施されている。ラノメト村は都市に近いために一部、県道沿いの水田は所有者が変わったりして宅地、商業地となってしまっているが、半分は依然、水稲栽培が行われていた。パランガ村、キヤエヤ村、ラプル村の3村では、プロジェクト後も引き続き水稲栽培が行われていた。残念ながら２００９年の時点で、２村では水稲栽培が行われていなかった。その2村は、サブラコア村とオネウィラ村である。オネウィラ村では、２００８年まで水稲栽培が行われていたが、ここ2年は水田が雑草地（荒れ地）となっている。そしてサブラコア村では、プロジェクトが終了して数年後には、水稲栽培をやめて水田は放置されていた。図表９―１に、プロジェクトで実施した水稲の技術移転による水田面積の変化を示した。

このように、10年後も水田で水稲栽培を継続している村、すでに早々にやめてしまった村、最近までやっていたが結局やめてしまった村などがあることになった。そこで、水田が定着しなかった村で、その理由を考えてみることにした。

図表９－１　プロジェクト対象村の水稲栽培の経緯

村　名／調査年月	全世帯数（戸）	先住民（トラキ族）比率（%）	1991[1] 水田（ha）	1998. 2[2] 水田（ha）	2000. 7[3] 水田（ha）	2002.2 水田（ha）（プロジェクトで造成）	2006. 2[4] 調　査	灌漑施設，水田の利用状況
ラノメト	146	49	35	178	200	183 (22)	△	一部水路が破壊，休耕田がある
パランガ	332	48	60	126	127	127 (15)	○	施設管理もよい
キヤエヤ	326	73	30	180	186	183 (0)	○	施設管理もよい
ラプル	172	34	139	296	376	363 (5)	○	一部施設の破壊もあるがよい
ラロバオ	115	100	0	15	0	15 (12)	◎	水田の拡大が見られる　(140ha)
サブラコア	124	98	0	25	5	5 (5)	×	施設，水田は使用されていない
オネウィラ	164	100	7	70	80	82 (1)	×	水稲栽培は２年前に中止

１）1991年はプロジェクト開始時期。
２）1998年はプロジェクト終了時。
３）2000年はアフターケア終了時。
４）2006年２月に調査の水田使用状況。
（◎増加している，○よい状態，△やや減少，×使用されていない状態を表す）

(3)　地域の水田の歴史

南東スラウェシ州では、先にも述べたように、先住民トラキ自身は伝統的に水稲栽培を行っていなかった。水稲栽培が、その経験をもたない伝統的農村に導入される過程には、いくつかのケースがみられた。村長や村人から話を聞いてみると、次のようなことがわかった。まず、水稲をもってきたのは外部者である。その第一は、国内移住者である他の民族がこの地に移住して来て、彼らが水稲栽培を始めた場合である。他の民族とは、ここでは２種類の移住者に分けられる。１つは国家移住計画で来た人たちで、ジャワ島からのジャワ、スンダ族である。また、バリ島からのバリ族、近くでは南スラウェシのトラジャ族などである。国家移住計画は、独立後、政府が人口の多い地域の農民を過疎地域に移住させる政策をとったものである。いま1つは、スポンタンと呼ばれる自由意思で来ている人たちである。スポンタンとは、英語・オランダ語のスポンタニアスからとった呼び名である。このスポンタンは近隣の地域からの民族が多く、とくにブギス族がほとんどを占める。彼らは自分たちの土地を離れて、新天地としてこの地に来たのである。例えばプロジェクト対象村のパランガ村、キヤエヤ村では、1970年代に南スラウェシ州の半島の東側のシンジャイ村から村長が移住地を探しに来て、このパランガ村を見つけて、村長と話し合いを行いシンジャイ村のブギス族の人を受け入れたという歴史がある。また、他の外部者として、戦争中に日本兵士から導入された場合もある。この場合は、日本兵と同行したジャワの人によって水稲が栽培されていた。また、今回のプロジェクトのように、国が外国人の協力を得て導入する場合である。このように南東スラウェシ州の水田は、ジャワ、スンダ、バリ、トラジャ、ブギスの人々によってもたらされたものであり、彼らは親代々にわたり水田をもっていた民族である。南東スラウェシ州の水稲栽培は、水稲栽培技術をもつ外部者によってもち込まれたものであることがわかる。

そこで、プロジェクトの水田導入が図られた7村について、どのような農民がいるのかを調べた。村ごとの先住民と移住民構成比率を表にまとめた（図表9―1参照）。それによると、先住民トラキがほとんどの村は、ラロバオ村、サブラコア村、オネウィラ村である。また、先住民と一民族の移住者が混在する村は、パランガ村、キヤエヤ村である。そして、先住民と多くの移住民族が混在する村は、ラノメト村、ラプル村である。プロジェクトが実施した水田耕作が先住民に技術移転されて持続できていたのは、ラプル、ラノメト、パランガ、キヤエヤ、ラロバオ村である。水田が持続できなかった村は、サブラコア、オネウィラ村である。これからわかることは、移住民がいる村は水田が持続して存在していることである。つまり、水稲栽培技術を受け入れることができている村といえる。これから判断すると、水稲栽培の持続性には、水稲栽培の技術をもった民族のいることが重要であることになる。このことは、技術移転が国家の政策で行われる場合は、国の農業普及システムを使って実施されるが、これも予算がなくなると切れてしまうことになる。しかしながら、公的普及システムのないところの技術移転は、近隣の農家から技術を真似しながら取り入れていくことになる。また、水田のように集団で水を使う場合には連帯性が必要となり、隣人との関係が必要となる。そうなると水田耕作者のグループに入ることになり、技術も必然的にグループに伝わることになる。したがって、技術をもつ移住者は、普及員の役目も果たすことになるといえよう。

しかしながら、ラロバオ村の場合をみると、村人はすべて先住民トラキ族である。それなのになぜ水田が持続しているのであろうか。この点を村で詳しく調べてみると、興味深いことが浮かび上がった。村の住民はトラキ族であるが、水田で水稲栽培しているのは必ずしもトラキだけではなく、ブギス族がいた。ブギスの人は、トラキの人から水田を借りたり購入したりして、水稲栽培を行っていたのである。したがって、耕作の半分はブギス族となっていた。このことから、ラロバオ村も水田技術保有の民族の存在があったといえよう。このように、先住民が水田技術を受け入れて持続させていくためには、技術をもった外部者の存在が重要であることがわかる。それも、外部者は共存できる存在でなくてはならないことも条件となる。

それでは次に、技術が移転できなかった、そして水田の持続がなかった村について、なぜ水田が定着しなかったのかを探ることにする。これによって水田持続性の要因がわかるはずである。

サブラコア村の場合、どうして水稲栽培が定着しなかったか

サブラコア村にプロジェクトとして灌漑施設の建設が行われたのは、1995年であった。トラキ族の住む典型的な伝統村であり、地域的にも町から遠い場所に位置している。しかし、隣の村にはバリ島からの移住者が住んでおり、国家移住政策でバリ族移民のコロニーを作っている。まさにこの村は小バリ村である。したがって、この村にはきれいに整備された水田が広がっている。バリ族の村は特徴をもっているので、外から見てすぐにわかる。農家の庭には、ヒンドゥー教の神を祀った塔や像がみられる。また、日本の昔の農村でもみられた地蔵や道祖神のように、道端や田圃の角にも同様にヒンドゥーを祀るモニュメントがある。しかしながら、トラキ族の村はそれに比べると、自然の中にある村という感じである。調査に入った時は、貧しそうな村に見えた。これは、先住民の村は貧しいものという先入観があったからでもあろう。確かに家の造りや庭を見る限りにおいては、バリの人たちに比べると貧相に見える。経済面からみても、政府から出されるGDPをもとにした統計資料だけであり、これによって貧困村を選択したのであるから他より貧しいのであろう。こうして、トラキの村を対象として技術協力を行うというコンセプトができあがったのである。

そこで村の実態を調べたが、畑作物栽培が主体で、サゴ、ココナツ、カカオなどの永年作物が植えられている。したがって彼らとしては、水田を作ることは願ってもないことであった。隣にバリ族の水田もあるし、水稲栽培は魅力あるものであった。しかし、今まで他人事であり、誰も水田について導入を考えたことがなかった。そこに日本の技術者が来て水田を作ると言うのであるから、願ってもないことであった。まったく技術的素地のない村で近代的水稲栽培を普及するのであるから大変である。しかも1年で生産体制を作ることになるので、期限も限られている。それでもプロジェクトは予定通り進められ、頭首工（取水堰）による貯水池、水路、水田圃場がつくられた。土木的には、施設は十分に活用できる体制ができた。また、栽培技術についても農民研修が行われ、育苗から収穫までの技術、機械操作などの研修が行われた。機械操作の訓練を受けた農民が後に県の議員になったという有名な話もあり、リーダーを育成した研修の効果は何らかの形で農民にインパクトを与えたということである。確かに専門家がいる時は、水稲が栽培されていた。しかし、プロジェクトが終了して数年後には、水田は使われなくなってしまった。理由を聞くと、水が十分でない、水路が壊れて水が来ないなどが主な理由である。また、肥料、農薬、ハンドトラクターなどに金がかかる、手間がかかるなど、多くの問題が浮き彫りにされた。サブラコア村で水稲栽培が根づかなかった理由として、いくつかの要因が複合的に働いていることがわかった。単なる一要因だけであればそれだけを解決すればよいのであるが、複合要因であればそのようなわけにはいかない。

また、さらに調査と分析を進めた結果、多くのことがわかってきた。サブラコア村は先に述べたように、永年作物と畑作栽培の村である。コナウェハ川に面した村で、この川の氾濫原を畑作地帯として使用している。この畑地は雨期に大雨が降ると、水につかり使用できないが、乾期になると肥沃な畑地として現れる。２０１０年の主な作物は、大豆、トウモロコシ、野菜である。大豆は年2回栽培でき、トウモロコシは3回栽培を行っている。野菜については、土地が水没しない限りは周年栽培を行っている。したがって、サブラコア村の人は忙しいことが想像できる。栽培方法は伝統的なものであり、トガル棒で穴をあけて播種を行う棒耕という方法で、耕起などは行わない。しかし、洪水跡地を利用するために作物の出来は良い。とくに最近は、トウモロコシの産地となっている。トウセロコシは比較的この村では新しい作物として栽培されていて、消費者のニーズが多い。生食用として出荷されるが、市場だけでなく路上販売（茹でて売る）されている。また、大豆の収量も比較的高く、ここでの主作物となっている。野菜もトマト、キュウリ、カボチャ、チシャなどの葉物というように多く栽培され、これらはほとんど混作されている。この河川敷の土地利用は暗黙の了解で区分はなかったが、今では線引きが行われている。以前は、洪水地であったため固定された土地として認められず、共有地として扱われていたようである。しかし、栽培が始まって耕作者の固定化が始まったのであろう。永年作物としては、政府が以前導入したココナツ、カカオ、コーヒーが重要となっている。また、新たに10年前に胡椒が導入された。ちょうど世界的に値段が高かった時であり、政府の振興策もあった。しかしながら、導入された胡椒栽培は、初期に立ち枯れ病（フザリウム菌、フィトフィトラ菌）にやられて多くが枯死したため、農民はこの病気に対してトラウマとなってしまった。今では25％くらいしか残っていない。しかし、残って生育している胡椒は立派に育ち、収量を上げている。また、サゴヤシと陸稲はほとんど扱われなくなってしまった。

このような状況で、1995年に水田耕作が導入された。水田の意義は当初、河川敷の氾濫原が水につかり栽培ができないときに水稲栽培をやりたいという希望であったということ。この意思は、後でわかったのである。JICAプロジェクトは、村長が導入したいとのニーズを確認して、水田を他の栽培に変えるくらい重要なものと考えていた。どうもこ

写真9－1　水田が定着しなかったサブラコア村

の辺もマッチングの違いがあるようだ。プロジェクトではすでに計画書が作成され、開田、造成計画が進められて、他の作付けについては計画外となり、専門家、カウンターパートは水田造成だけに目が向けられた。プロジェクトでは、チェックダムと水路の建設、農民に対する機械操作、修理研修、栽培研修を行い、技術移転を図った。プロジェクトが終了し2～3年は水田耕作を行っていたが、水路の亀裂による水漏れや、機械の故障等の理由で水稲栽培は見放された。一部ブギスの人が水田を買い取って水稲栽培を行っていたようであるが、周囲の人との人間関係でまもなくやめてしまったという経緯がある。現在、水田は放置され荒れ地となっている。

写真９－２　水田が行われている今のパランガ村

サブラコア村の人たちは現在、主食として米を食べている。水稲がほとんどである。本当は陸稲がよいが、市場では乾期のはじめにしか出ないため食べられない。サゴは時々食べるが、それほど多くはない。この村の主食は、全部外部から買っている。したがってサブラコア村の農業は、畑作物、野菜、永年作物などの換金作物を栽培し、これらを売って利益を得る。ここから得られた現金で主食を買うという、他の村と異なる新しいタイプの農業が発達していたのである。このことから、水田を導入するには、現在の栽培形態よりも魅力があり、利益の出るものでないと定着が難しいことがわかった。

農業技術の発展には、移住民が大きな影響を与える（キヤエヤ村の場合）

一方、キヤエヤ村は、JICAプロジェクトの中でも水田が持続的に拡大している村で、水田耕作において優秀な村の1つである。この村における水田耕作と村の発展の歴史をみると、水稲栽培の重要性がわかる。そこで、キヤエヤ村における水田耕作の発展をみてみよう。

キヤエヤ村は、元はパランガ村の一部で、戦前からあった村である。1977年にパランガ村が2つの村に分かれ、パランガとキヤエヤ村の2村になった。これらの村は、焼畑での陸稲栽培と、端境期にサゴからの澱粉抽出を行っている典型的なトラキの村であった。この村に水稲栽培が入ったのは戦前である。オランダ人がキヤエヤ村で小さな貯水池を造り、15haの水田を開いたとされている。今では当時関係した人は生きていないので、親から聞いたという程度である。したがって、オランダ人とはどのような人かは不明である。しかしながら、この地でも戦前はオランダ人が入り宣教を行っていたことはわかっている。たぶんこの関係の人であり、行政の組織的なものではなかったであろう。しかし第二次世界大戦が始まり、日本軍が入ってくるとオランダ人はいなくなり、また、水田も灌漑施設の壊れで使用されなくなった。戦後、1948年に再度オランダ人が来て、灌漑施設の修復を行い、15 haの水田が始められた。しかしながら、当時はまだ森が十分発達しており、自然が豊かであったので、水田にはそれほど関心を示さなかった。貯水池と水路は、熱帯特有の雨期の大雨でしばしば破壊されていた。1952年にさらに修復を図り、細々と水田が栽培されていたが、収量は低かった。しかし、村の人口が増え、森の資源が減少してくるのに従い、水田の必要性が高まってきた。ちょうどその時、南スラウェシの半島の東側に位置するシンジャイ地域（村）のブギスの人が、村の家族の移住先を探している時であった。ブギスの一行がパランガ村の村長と話し合ったのは、1987年であった。シンジャイからは、首長のラジャであるカラインバド氏とハジバラ氏がパランガ村を訪れ、パランガ村の村長との話し合いで、移住者には土地を無償で提供するという移住計画ができあがった。当初は2・5 haをもらえるということで、50世帯の家族がパランガ村に移住した。そして次年の1988年には、100世帯がキヤエヤ村に移住した。しかし、実際には水田0・5 haと畑地・住宅地0・25 haのみあてがわれただけであった。また、土地は無償であったが、登記料は村長に支払う必要があった。このような移住計画によって、パランガ・キヤエヤ村の水田耕作が見直されるきっかけとなった。入植したブギスの人は、水稲栽培を始めた。もらった土地は使用していない荒地であり、小河川の下流域であった。そのために、天水田でも雨期になれば十分水が得られるので、水稲1作は作れた。1978年から水稲の栽培が本格化し、とくに下流部はブギスの人によって水田が開かれ、トラキの人も水田の開発を再度試みた。しかしながら、上流に貯水池をブギスとトラキで作ったもののうまくいかず、上流の方は畑となった。そして、1993年にJICAのプロジェクト技術協力が始まり、新しく小ダムが作られ、水路が改修され、村の灌漑計画ができあがった。このような背景で、キヤエヤ村における水田は、JICAプロジェクトが終了した後15年を過ぎても継続されて、トラキ、ブギスの人によって耕作されている。

これからいえることは、この地ではトラキの人が焼畑農業から水田農業に移り、水稲栽培技術を受け入れたことであろう。そこで技術を受け入れた経緯について、さらに詳細な情報を得たので、その要因を今までの経緯と他の村と比較して考えてみた。

(1) 技術移転は、隣人からのみ習うもの

キヤエヤ村の場合は、明らかにブギスの人の存在が重要である。オランダ人によっても持ち込まれた小規模の水稲栽培も、当初は何回も中止されている。しかしながら、水稲の栽培技術をもったブギスの人が入植することで、水稲栽培に関心のなかったトフキの人も、

ブギスの人の稲作を真似ながら水稲栽培を始めたのである。そのあとにＪＩＣＡプロジェクトが入ることで、稲作の技術はさらに固定するものとなった。プロジェクト終了後の２００２年には１８３haであった水田が、２０１０年において２３５haまで開田されている。まさに、水稲栽培がこの村に根付いたことを物語っている。このように、技術が導入されたあと、この技術を使いこなせるまでになるには、技術を知っている誰かがいないと定着しないといえるであろう。キヤエヤ村の場合は、ブギスの人がこの役割を果たしたことになる。

トラキ族で現在、水田と畑作をやっている38歳のアスラン氏によると、農業は10歳のころから、親のやっているのを手伝いながら始めた。彼が初めて水稲栽培を行ったのは24歳の時で、ＪＩＣＡプロジェクトによって、ハンドトラクターの操作や栽培技術について習ったという。とくにハンドトラクターの技術を習ったあと、他の村でのデモンストレーションを行ったという。それまでは水田はやっていなかったので、初めて水稲栽培を始めたことになる。現在はトラクターをもっていないので、ブギス農民に耕起作業を委託して、水田を耕作している。水稲の方が有利であるが、栽培が難しい。ネズミの害が一番大変であり、次に灌漑の水漏れである。そして耕起用のハンドトラクターの入手である。ハンドトラクターより牛耕の方がよいのではないかと尋ねると、トラキは牛耕を知らないし、動物は動きが遅いので、手間がかかるとのことであった。このように多くの事情はあるが、一農民が水稲栽培技術を受け入れた例である。

(2) 村の限られた土地がやる気を起こさせる

キヤエヤ村では、人口増加により、村の耕地面積が限られている中で1人当たりの栽培面積は小さくなるが、水稲栽培はこのような状況で有利な作物となるという理由もあるようである。村が移住民を受け入れたり、人口増加により農業を行う空間が限られたりしてくる状況では、水稲栽培は有利となる。農民のダンガ氏の言うことには、昔は土地の区分はなく、自分の周辺を伐採したり下草を刈ったりして毎年耕地をつくっていた。しかし、今は2haの土地をもち、0・5haの水田と、残りの畑のうち0・4haを毎年焼いて陸稲を作っているということである。将来的に土地は限られるので、水田のように固定したところで収穫を多くとる必要が出てくるであろうとのことである。このように、水田は限られた土地での生産を確保するのに適していると考えていることから、水田の土地集約性の利点を見つけているといえるのである。この理由で農民が水田に携わって、継続して水稲栽培を続けていると考えられる。彼もＪＩＣＡプロジェクトで水稲栽培技術を習った農民で、それ以降水田を保持している。

伝統的農民のラロバオ村における水田耕作の受け入れの場合

ラロバオ村で水稲栽培を始めたのは１９９５年で、ＪＩＣＡプロジェクトによって導入されたことによる。ラロバオ村でＪＩＣＡプロジェクトが始まった時は、村人全員がトラキ族で、焼畑の陸稲、永年作物とサゴヤシを農業の主体とする、小さな典型的な伝統的農村であった。地形的には丘陵地で凸凹の多い土地であり、一部はアランアラン（イネ科多年草チガヤの仲間）の繁茂している地区もある。そして、２０１０年現在、農家戸数は１５０世帯でトラキ族が85％、それにブギス族が15％、ジャワ族、マカサル族が各１戸となっている。

水稲栽培は、プロジェクトによって初めて村に導入されたのである。湿地となっている小規模ダムが造れる適地があり、そこに貯水池を作り、灌漑施設を完成させた。プロジェクトでは５haの水田を開墾し、そのあとは農民自身による自主的な開田を行っていたのである。チェックダムで水漏れが起きて水稲栽培が限られたり、砂糖工場の建設によるサトウキビ栽培に農民が出かけたりして、水田耕作にはマイナスの事由もあった。しかし、他の村に比べると水稲栽培に興味をもっていたようである。とくに、村長と農業普及員の影響が大きい。

プロジェクト終了後も、普及員を中心に水稲栽培が続けられた。水田耕作が受け入れられ持続できた第一の理由は、良いリーダーをもっていて、プロジェクトが彼らに強いインパクトを与えたからであろう。2010年に村を訪れた時、残念ながら当時の村長はすでに他界していた。村ではしばらく村長なしの状態であったようだが、その2年前の2009年に、31歳の息子が住民の後押しを受けて新村長になっていた。プロジェクトが実施された時に彼は中学生で、当時のプロジェクトの活動を覚えていた。今まであまり大きな援助がなかった地域であり、それだけにプロジェクトは住民に大きなインパクトを与えた。第二の理由は、ブギス族の参入であろう。トラキ族だけの村であったのが、2010年には27世帯のブギスの農民が住んでいる。彼らは水田耕作に長けており、トラキ族の中に入り水稲栽培を行っている。プロジェクト終了後、専門家がいなくなった後にブギスの農民が来たことで、水田を持続することができたのではないかと考えられる。今までの例であると、プロジェクトが終了し関係者がいなくなると、数年後には導入された技術はなくなってしまうことが多い。旱魃や施設の破壊、機械の破損、病虫害などの栽培における障害をもち、また非常時に対応できる人がいない場合、この時点で栽培は止まり、継続できなくなってしまう。したがって、国の農業普及組織が弱く、問題時に十分対応できない地域では、普及員、技術者に代わる人として、水稲栽培の経験をもった人の存在が必要である。ここでは、ブギスの人がこの技術持続の役割を果たしたのであろう。同様なことは、キヤエヤ村でもいえることである。第三の理由として、限られた村資源の中で、水稲が農民にとって魅力的であったということである。ラロバオ村は、他のトラキグループと同様に焼畑中心の農業を営んでいたが、地形的に貧弱な農業しかできない地域である。したがって、カカオなどの永年作物が植えられ、町への出稼ぎが多い村でもある。そこに水稲栽培が入ってきたことで、これに興味をもったのは当然である。とくに水稲の高収量性は、他の作物に比べ魅力的であった。貧弱であるが故に、新しいものへ変化を求める期待が高かった結果でもあろう。あとからブギスの農民が参入したことで、水稲栽培が強化できたという結果が得られたのである。そして一時サトウキビ栽培を行う機会があったが、工場の営業廃止によりこれもなくなり、他に栽培する魅力的なものがなかったことも水稲栽培が持続できた理由でもあろう。

3　村から、水稲栽培の現地適応性を考える

(1)　サゴヤシ農業の現状は

先住民は、水稲栽培に対して近代的な作物として魅力を感じている。サゴヤシは古くさい伝統的作物であり、重労働であり、匂いもあり、汚い作業で、いわゆる3K（汚い、危険、きつい）の仕事であるとの意識を潜在的にもっている。とくに地域外の者はそのような印象をもつ。したがって、若者は町に出たりし、新しい農業に取り組まなければとしている。村の長老たちも、サゴヤシ農業では夢がないと、この事情を認めている。ある村長の話であるが、「いま息子は学校の関係で町に出ている。戻るのもよいし、町で仕事を見つけてもよい」との考えで、現状の伝統的農業を継続させなければならないというこだわりはない。やはり、近代化というものを村が意識しているのであろう。どうしても伝統的なものを軽視する傾向にある。しかし、サゴ澱粉はトラキ族にとっては主食であり、コメの需要が増えても、サゴは1日のうちで1回は食べるということであるので、ニーズはある。サゴ澱粉を採れば必ず売れることになる。したがって、この農業は安定しているといえるであろう。現在は、サゴ澱粉抽出作業の商業化が始まり、これを専門とするグループが存在し、作業の合理化が図られ、ビジネスとして成り立っている。

(2)　水稲栽培は魅力か

やはり、水稲は栽培という技術を必要とし、かつ、肥料、農薬、農具などの新しい資機材を使うことで、近代化の仲間入りをするという認識がある。したがって、政府あるいはODAなどによるスポンサーがついて、「水稲栽培をやりたいか」と聞けば、「やりたい」と答えるであろう。もし、これを個人負担でやるとなると、必ずしもやりたいとは答えないであろう。無償であるから、ただでもらえるのであればやりたいと答えるのは当然である。水稲栽培を隣の村でやっているので、自己負担でやるのは冒険であるが、政府が補助してくれるのであればやりたいということになる。村長などは自分の実績になるので、やりたいとの意思を早々と示すのである。このようなことから、政府が補助してくれるのであれば何でもよいのであろう。政府も、貧困農村対策として事業を実施したという実績があればそれでよいと考える恐れがある。水田は魅力的であるが、先住民トラキ族にとっては、投資、技術修得面でハードルが高いことになる。

(3)　水田耕作技術は受け入れられるか

それでは、果たして水田耕作技術は受け入れられたのであろうか。サブラコア村では水田が定着しなかったので、技術は受け入れられなかったことになる。それではどこが受け入れられなかったのであろうか。まったく水稲栽培の経験のないトラキの人にとって、栽培の基本となるのが水田作りである。つまり、第一のポイントが土を耕すということである。インドネシアでは、畑作の農法は棒耕である。焼畑では、陸稲やトウモロコシの種をまく時は土の耕起は行わない。棒で畑に穴をあけて、その穴に種をまくのである。田植えを行う水田では前もって田起こしし、均平を行う必要がある。トラキの人は、この作業をハンドトラクターで行うことにした。伝統的な手作業や、畜力による作業の慣習をもっていなかったので、プロジェクトから供与されたハンドトラクターによる耕起が最初から行われた。そのためにトラキは、田起こしの技術と機械を操作するという技術を習わなければならなかったのである。

水稲栽培が行われなかった農民に、「なぜ水稲栽培をしなかったのか」と質問すると、「ハンドトラクターがなかったから水田の準備ができなかった」という理由を挙げている。このように初めて水田を導入した民族では、1つの作業が滞った場合には、そこですべての作業が止まってしまうことが多い。他の方法で行うという融通性、工夫するという考えが十分でないのである。これも経験の浅さから来るのであろう。また、それ以上に大きな要因は、農民のニーズの有無である。田圃を作るということは、今まで耕起をすることなしに栽培していた農民が、栽培する圃場を作り管理するという作業が必要になる。実は、これが彼らにとって大変な仕事なのである。したがって、「ハンドトラクターがなかったから圃場が準備できなかった、そして栽培できなかった」ということになるのである。焼畑農業から水田耕作農業に移る場合の1つの転換点になることがわかる。彼らにとって棒耕から耕起作業への転換であり、技術革命である。

第二のポイントが水管理である。水田への水の導水は、グループを作って順に水を注いでいく必要がある。あるいは分水を行う必要がある。高位の圃場から順に水を流していく方法を田越し灌漑といい、一般的である。インドネシアのバリの伝統的な水管理組織として「スバック」と呼ばれる組織がある。この灌漑方法は分水を行うもので、1筆ごとに計画的に水を分配することで、進んだ水管理技術をもっている民族である。また、水源の確保もグループで行う必要があり、重要な活動となる。もし1人のメンバーでも活動に従わない場合には、水管理は機能できないことになる。この点では、グループ間での共通認識と、共同作業を行わなければならないという組織としての仕事が必要となる。しかしながら、水施設の建設はほとんどの場合、政府が行うことが多いために、自分たちのものであるという意識が低い。そのために、水路の水漏れ、貯水池の漏れなどは政府に修理を要請するが、規模が小さい場合には政府は行わない。農民らで自らそれを直そうという意思が欠如している。また、直すための資材の負担が問題となり、農民はその負担を負いたがらない。そのために「水が来ないために、田植えができない」などの意見を聞く。これらは、施設が農民のものになっていないという、農民の管理意識とオーナー意識の欠如である。これを施設のオーナーシップの問題でもあるという。今日の開発学で、参加型の開発事例として取り上げられている。ただし、熱帯地域のように乾期と雨期がはっきり現れるところでは、せっかく作った施設は乾期に土が乾燥して縮小し、土と構造物との間に亀裂が入りやすい。そのために、これが水漏れの原因となって、最終的には構造物が破壊することになる。この条件は、日本ではあまり経験をしないので、日本人専門家泣かせとなる。

また、多くの小規模灌漑の場合、問題となるのは水量である。とくに村の近くに大きな川や山をもっていない場合には、往々にして灌漑に必要な絶対的水量が足りない場合が多い。このような灌漑は通常、補助的灌漑と呼ばれるもので、通常の水田に補助的に水を導水することで安定した1期作の水稲栽培の水量を確保するものである。インドネシアなどの東南アジアで雨期と乾期がはっきりと現れる地域では、栽培時期も降雨のパターンによって決まる。したがって、雨のない乾期に行う灌漑とは異なる。灌漑農業というと、農民の期待は乾期にも水が来ると思う場合が多く、水に対する期待が大きい。それが補助的灌漑であると、彼らの期待に添わないことになる。「なんだ、その程度か」と思ってしまうと、灌漑についての関心も薄くなる。ついには施設の管理にも興味を示さなくなり、水利組織が機能しなくなることになる。

水稲栽培を導入した場合の村の反応

プロジェクトで導入した水稲栽培の村の反応をまとめると、次のとおりになる。

① 水稲栽培がその経験をもたない伝統的農村に導入される過程には、外部者（国内移住者、旧日本軍、開発プロジェクトなど）の影響がある。また、持続的に水稲栽培を受け入れるかは、農民の「興味」と「ニーズ」によるところが大きい。

② 「興味」とは、新しい農業への期待と、近代的農業への興味（原始農業から管理耕作農業への転換）であり、「ニーズ」とは、経済面からの高価値作物への転換である。

③ 2009年の調査結果から、水稲栽培が持続的に実施されていた村には水稲技術を

有した移住者の存在があった。

④ 先住民だけの村における水稲栽培は、2ケースに分かれた。

(i) 水田が持続できている村＝ラロバオ村では、ブギス族が水田の一部を購入し、先住民トラキ族と共同で水稲栽培を行い、村の水田面積が増大していた。

(ii) 水田が持続できなかった村＝オネウィラ村では、プロジェクト後10年以上続いていた水稲栽培が中止された。また、サブラコア村では、プロジェクトの数年後には水稲栽培は中止されている。

⑤ 水稲栽培は技術と初期投入が必要であることから、普及にはこれらの条件を満たす必要がある。政府における普及体制の弱い地域では、技術移転は他の民族や隣人から学んで覚えるシステムが重要であり、さらに技術的フォローが持続される状況を作り出すことが必要である。

(1) 先住民が水稲栽培を持続する条件

先住民が水稲栽培を持続的に取り入れるためには、次の条件が必要であることがわかる。

①　既存の農業と比べ、先住民にとって水稲栽培が魅力的である場合の条件
(i)　経済的に有利となる。(ii)　近代技術としての魅力。
②　水稲のニーズがある場合の条件
(i)　主食としてのニーズ。(ii)　換金作物としてのニーズ。
③　技術が得られる条件（普及システム有無）
④　初期投資の援助が得られるか（耕運機械、肥料、農薬等の資機材）
⑤　圃場整備され、灌漑施設の有無

(2)　水稲栽培が持続できなった条件
水稲栽培が持続できなかった場合の原因を分析した。
①　期待される収量が上がらなかった
(i)　初期投資の分の経費が得られない。(ii)　ハンドトラクターがないので、圃場耕起・準備ができない。(iii)　肥料、農薬がない。(iv)　ネズミの害が大きい。(v)　水が十分でない。
②　現状の農業から水田に変わるほどの魅力、手間がない

(i) 十分な畑地があり、換金畑作物栽培の方が技術、手間において有利である。(ii) 永年作物のほうが栽培が容易である。

③ 圃場の確保ができない

(i) 農地の販売(譲与)。(ii) 都市化によって土地が高騰し、売却した。(iii) 相続がうまくいかなかった。

以上のとおり、村の歴史的条件、民族的な構成の違いによって、水田耕作という新しい農業を受け入れるかどうかの条件が異なっていることがわかる。このことは、単なる経済的条件だけではないことになる。やはり社会的条件が大きく影響していることがわかる。

水稲栽培とサゴヤシ農業はどうなるのか

南東スラウェシ州において、水稲栽培を先住民が新しい技術として受け入れる場合の事例を、社会、経済的条件を分析して検討してきた。農民の技術移転に対する行動はまず、水稲に対するニーズがあること、それから経済的に以前の農業より有利となること、栽培における問題が解決できること、安定した収量が得られることが確認できた。これらの条

写真９－３　サゴヤシ林を開墾して水田を導入した村の様子

件が整えば、先住民は水稲栽培を受け入れるであろう。したがって、現在も政府は水稲栽培に対する安定生産を望んでおり、農民に対する補助は何らかの形で実施すると考えられることから、少なくともこの地域では水田は減ることはないであろう。

一方、サゴヤシ農業はどうであろうか。昔は、主食の自給用として澱粉を部落で抽出し、これを農民に分配していた。1本のサゴヤシからとれる澱粉は数日の間、グループの主食となり、また次のサゴを処理して各農家に配るという自給体制ができていた。現在はこのシステムはほとんどなくなっているが、農民の多くはまだ主食の1つとしてサゴ澱粉を食べている。そして、ほとんどの農民はサ

写真９－４　サゴヤシ林に広がる水田

ゴ澱粉を市場で買っている。このことは、サゴ農民が抽出したサゴ澱粉が、庭先で商品化されていることを物語っている。つまり、サゴ農業の専門化が進んでいることになる。今まで自家用に生産していたサゴ抽出作業はなくなり、その代わりサゴ抽出グループがはっきりと形成されて、サゴを抽出する専門農業に代わっていた。サゴのニーズはまだ農村では強く、サゴの必要性はあることから、サゴ農業は持続するが、生産形態はさらに専門職化し、変化していくであろう。

第10章　農業・農村開発を技術移転から考えること

農村の発展過程からみた農業形態は、農業の生産性を重視して作られている。生産性を高める役割を果たすのが農業技術である。しかしながら、現在の農業技術開発は単に生産にかかるものだけではない。環境問題、労働軽減、食の安全性など、新たな課題に対応する技術が求められている。したがって、技術は投入される機械等のハードの操作を扱うだけでなく、ハードを使う社会的条件を考慮した農業にするための技術でなければならない。

農民に新しい技術を導入する場合は、技術が持続できるかを見極めなくてはならない。そのためには、単なる技術的な合理性の観点だけでなく、社会的な視点での受け入れも検討しなければならない。農業技術は、基本的には発展過程をスキップできないと言われているが、これは技術を作ってきた人と、技術を借りてきた人の違いである。常に発展していくとなると、いわゆる持続性を求めることであり、常に考える力を付けていかなければならない。開発とは、常に考える力をもつことであるともいえよう。経済学でいうところの従属論からみると、農村は常に工業地域に従属していることになる。この背景は、近代社会構造の中における農村の役割として、工業生産産業に資源材料を常に投入しなければならないという構造から来ている。しかしながら、農業の歴史からみると、発展の一過程であるとみなすことができよう。農業は、焼畑から定着農業へ、そして天水農業から灌漑農業による集約農業へと発展してきた。近代化社会は、食料、工業材料を農村から得ることで、都市社会を発達させた。そこで、農業開発の最終的な形は、農村から都市への物資的流れ、人の流れ、お金の流れを変える必要がある。都市から農村への流れに変えることで、農村が発展できるのである。今までの流れの中で、単なる工業生産体制や価値観からみているのでは、農村は都市に従属しているという従属論の説を変えることはできない。そこで、新たな方向として従属論から脱出するための、「人・物・金」の都市から農村へという逆の流れが芽生えてきた。それは、最近言われ始めたニューツーリズムという概念である。つまり、エコツーリズム、グリーンツーリズムが次の代の農業で取り入れられ、新しい農村を作るという考えである。農業は単なる農産物生産労働だけでなく、考える力を付加して、近代社会が必要とする価値を付加した農業開発が必要とされるのである。また、第6次産業と言われる、1次産業の農業、2次産業の工業、3次産業の商業・サービスを結びつけた統括的産業が農村で発達することが必要である。つまり、生産、加工、販売の機能をもった産業構造である。これらから、農村開発における新しい技術が必要とされるのである。

農業開発には開発の段階がある。日本や東南アジアの農業開発の発展プロセスを考えてみよう。現在では水稲栽培が農業形態の中心となっており、多くの国の農業政策の中心作物でもある。しかしながら、水稲栽培が現在までの近代的形態にまで発展した過程には、それぞれの歴史がある。東南アジアの多くの地域では、農業は自然における資源の収集から始まり、狩猟・採集農業と言われている。森や林の資源である動植物を採って食料、生活に充てていた。時には収穫物の交換ということで、食の多様性を広げていた。つぎに狩猟・採集農業から焼畑農業に移ることになる。焼畑農業は森林の一部を刈り払い、この刈り払ったものを焼いて耕地を作り、作物を栽培する。通常、無肥料、無農薬で自然のままで作物栽培するために1~2年で肥沃度が低くなり、そのために新たに他の場所で耕地を切り開き、場所を移って栽培する。シフティング・アグリカルチュアと称し、移動式栽培が行われる。これが定着した農業となり、耕地が固定化する。ここでは栽培の集約化が図られ生産が向上し、農村自体が生産するためのシステムを作り出したのである。この典型的な姿が日本の水稲栽培である。水稲栽培システムが農村社会文化にすべて組み入れられた。1年間の村行事も、稲作栽培をもとにして計画された。祭りなどは水稲栽培に合わせて、例えば田植祭りとして早苗饗（サナブリ）が行われ、収穫時には収穫祭が執り行われ、地域独特の儀式として発展した。村に文化が栄えることになり、祭りが村のコミュニケーション、人々の交流の機会を作り、あるいは役割分担、身分制度の社会を作り出した。このように村の活性化につながっていった。農業開発とは、生産体制だけでなく農村の文化社会を育成することも含め、総合的な開発が求められる。

農民にとって技術開発とは

農民にとって技術開発とは、という課題は古くて新しい問題を含んでおり、農民のニーズによって技術開発を伴う生産体制は時代によって変化する。ニーズとはその時の社会経済状況によって異なり、人々が欲するものであるが、本当のニーズは単なる欲しいものだけとは異なる。農民が技術を受け入れるのは、その時代の社会・経済を彼らが認識した時である。

社会経済的要因によって自分の主張する農業をもった時に、技術を重視するのである。速水氏の『社会システムの発展過程』の中で、経済サブ・システムとして技術を挙げている。つまり、変革を起こすためには技術を発展させなければならないということになる。つまり、資源とする生産要素に対して技術が生産関数にあたり、技術開発が生産性を上げるとしている。そしてこの考えは文化・制度サブ・システムと関係し、文化という価値観と社会の制度によって受け入れが影響する。したがって技術が単なる生産性だけでなく、社会的価値観として認識されない限りにおいては受け入れられないことになる。農民が技術を受け入れるということは、農民自身がどこの社会の影響を受けているかによって異なる。伝統的農村社会を見ているのか、国のあるいは世界の社会を見ているのかによっても、技術の選択は異なることになる。本書の中では、伝統的農民がいかに水稲栽培という技術を取り入れるかという問題を取り上げたが、まさに、伝統的農民や農村が発展する時に遭遇する問題として捉えることができる。このような条件を背景として、技術移転を行う時の技術協力の在り方を再検討する必要があろう。現在は技術移転という言葉は、技術協力の中では死語となってきている。そして、農民に自分たちが発展するための力をつけさせるエンパワーメント、キャパシティーデベロップメントの展開が技術協力の主流になっている。単なる自立心をつけるだけでよいのだろうか。これに関するワークショップがあちこちで行われている。ワークショップさえやれば、農民が本当に力をつけるのであろうかという疑念が生じる。もしプロセスを大切にするのであれば、一般的なワークショップである必要はない。果たしてこれが技術を生む力になるのか疑問である。あくまでも社会的な価値観に対する理解が必要である。強いて言えば、技術とは生産に対する芸術であると考える。伝統的農業技術も、その時代の環境、条件に適応した、社会的、合理的な手法であり、これを扱う農民の作品がここに生まれるのである。つまり、技術が継承されて、その時代の技術芸術を生んでいることになる。したがって、技術移転は社会的背景を無視しては成り立たないことになる。いままでの反省として、単なるトップダウン的技術移転でなく、社会の変容、価値観を見据えての技術を考えたものにしていかなければならない。同様に、エンパワーメントを目的とした技術協力が、単なる技術移転にならないようにすべきである。この裏にあるトップダウン的影の力が見え隠れしてならない。

技術が定着したかの評価はいつ行うのか。JICAでは、プロジェクト評価は中間評価としてプロジェクト開始時と中間時に行う。また終了時評価は、プロジェクト終了6カ月前に実施する。それ以降は必要に応じてフォローアップ調査を行い、3年後、5年後に評価を行う計画もあったが、いまでは行われていない。したがって、持続性を含む長期的な視点での評価はほとんど行われない。10年くらい前に、外務省が長期的な視点でプロジェクトインパクト調査を行ったことがある。この時には、40年前に実施されたインドのランダカラニア地域における移住者に対する農村開発プロジェクトが対象となり、評価時にも、日本が実施したプロジェクトを住民が覚えているということで、大変良い結果が出ているとの評価結果が出た。また、タンザニアで実施したキリマンジャロ州における稲作開発は、やはり30年前に当時のOTCA（現JICA）によって実施されたものであるが、住民が初めて稲作栽培を行って、ここがコメの大生産地にまで発展したとして、高い評価が得られている。やはり数十年の後でも、残っている技術は農村社会を変える要因となっている。キリマンジャロ州はコメを中心として農村社会が大きく変わり、高収益をもたらしたという経済的プラス面と、貧富の差が開いたという社会的マイナス面が出た。しかし稲作栽培技術は確実に農民に受け入れられたのであり、この手法は当初トップダウン型、政府の普及システムを通して稲作が拡大していったのである。ここで持続性が発揮できたのは、長い協力期間を費やしたからである。農民が新しい技術を受け入れ、農民が自立して技術を使うようになるのには時間がかかるのである。技術を覚えるのには繰り返し実施しなければばならず、栽培技術は年に2回できればよい方で、5年やっても10回ほどの栽培しかできないことになる。農民が技術を受け入れたということは、農民が持続して技術を使うようになり、これが経済的効果を出すか、社会的変容を起こしたかによって初めて評価できるものであろう。したがって、技術移転を行う場合には、農民が確実に技術を受け入れた生産体系だけでなく、社会に根付いたことを確認してから完了したといえよう。強いて言えばこの技術移転から新しい技術が生まれれば、まさに農民がエンパワー（能力を身につけること）したものとみなすことができ、真の技術移転効果として捉えることができよう。

今後の技術移転と技術協力の課題

現在ＯＤＡで実施している技術協力は、２００９年に新生ＪＩＣＡになって大きく様変わりしている。日本経済の低迷によるＯＤＡ予算の減額、アフリカ重視の開発戦略、旧ＡＳＥＡＮ諸国に対する技術協力案件の削減、平和構築への貢献など、大きな理由が挙げられる。しかしながら、技術協力は成果、効果をそう簡単に出せるものではない。本事例からもわかるように、とくに農業案件の技術協力には時間が必要である。これは新しい態勢づくりとして、社会の変容まで期待されるからである。技術協力で言われている「持続性」を求めるのであれば、さらに簡単ではないことは本事例からもわかるはずである。また、技術協力を評価する場合、従来の方法でよいか疑問である。一時、評価をプロジェクト終了後評価、2年後評価、5年後評価と、真剣にその方法をJICA内で検討していたが、どうなったであろうか。やはりプロジェクト終了後、10年以上たってから評価を行うことで、本当の技術移転の効果が測定できると考える。受け入れられたものであれば持続し、発展しているであろうし、駄目であったものはなくなっているであろう。技術移転は、方法論でなく実践論からの成果である。現在の参加型手法といわれているものが、果たしてこの方法論にだけ捉われていないか検討する必要があろう。農民が力をつけ自立していくことが技術協力の最終的な目標であるとしても、現実的に農民が技術を受け入れていかねば、前に進まない。技術が持続できているか、発展しているか、それとも無視されているか、これが評価結果である。技術協力から学んだのは現地の人だけではなくドナーであり、技術協力を担当した人たちである。これらの経験をどのように活かすかが、技術協力の持続性であり、発展形態である。技術協力を通して培われた農民、カウンターパート、専門家の関係は、貴重な友好関係を築いている。これは援助国、被援助国の草の根での関係を強化するものであることを忘れてはならない。単に協力の「一丁上がり」で済むのであれば、国際機関の銀行に任せておけばよいであろう。やはり、技術協力は農民の行動を見ながら行うもので、受け入れられない場合の要因を分析することが重要であると考える。

本書からのメッセージ

本書では農業開発をマクロ的視野で広く捉え、歴史的な発展の視点から、現在の開発途上国の農業・農村開発の位置づけを明らかにした。さらに、農業技術移転には何が必要であるか、プロジェクトの目指すものは何なのかについて考えを述べた。とくに技術移転を行う場合に、外部者としての専門家は何を考慮しなければならないのかを論じた。これは現地の行動から見つけ、得られたものを帰納法的な方法によって述べたものである。本書の課題でもある「専門家」と「技術移転」について、次のようなまとめを試みた。

農業開発には、農村社会という横糸と農業発展という縦糸の二要因がある。また、農業を支えるその時代の技術は、横糸と縦糸の接点で現れたものである。技術移転は、接点から生まれた技術の横糸と、縦糸の動きに合わせた適合技術を見つける空間である。そして、この技術移転の空間から結果として生産が生まれる。この接点を結ぶのは農民であり、農民はよい技術から多くの生産を得ることができる。もし結ぼうという農民の意志がなければ、

図表10－1　農村開発と技術移転要因構成図

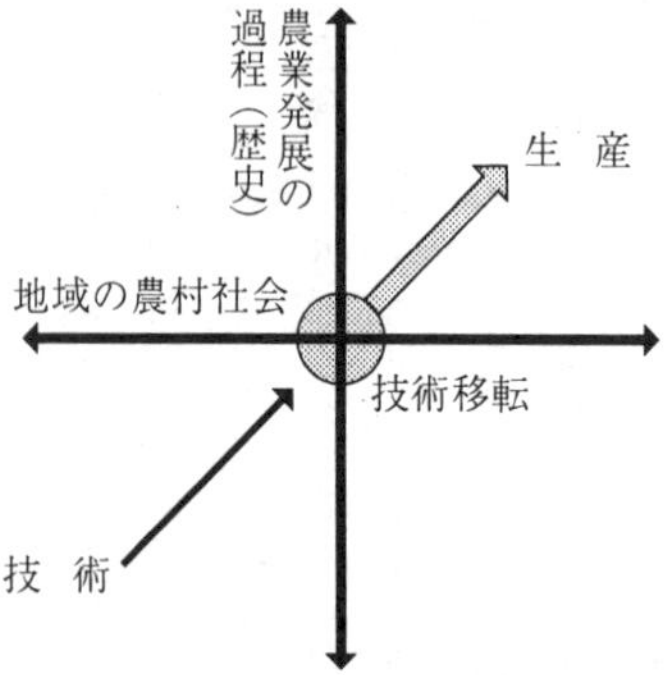

接点にならないのであり、技術移転は行われないことになる。また、社会的条件となる農業発展のステップ、条件が異なれば、意図した技術は結ばれない。つまり技術移転は起こらないことになる。したがって、社会発展に合った、または農民の必要とする農業技術でなければ、技術移転は成功しないのである。専門家は、農民の意志あるいはニーズを知ること、そして農村社会が必要とする歴史的流れの発展段階を理解しなければ、真の技術移転の方向は見えないと考える。もし、開発に対する農民の意識が弱い、あるいは薄い場合は、ここでエンパワーメントを求める手法が必要となる。

本書で明らかにしたかったのは、プロジェクトが推進した水稲栽培技術は、ある村では定着した。これは農村の農業技術発展段階からみて、必要とする水稲栽培技術がその発展段階と適合したことになる。また、水稲の定着しなかった農村は、水稲栽培を受け入れる状況になく、農民が水稲栽培技術に興味がなかったのである。したがって、水稲栽培の技術移転を導入しても持続しなかったことになる。先住民が焼畑における粗放栽培（プリミティブ農業）から次の段階の農業に移るのに、畑作栽培、永年作物栽培のほうが技術的に容易で、興味があったといえよう。

したがって、専門家は農村社会の農業発展プロセスと、必要とされる技術の接点を見つける必要があることが提言できる。つまり技術移転を行う人は、技術の発展の流れという縦糸と農村社会の必要とする農業の種類でもある横糸との接点を見つける人でなくてはならない。そのためには単なる技術だけでなく、社会、歴史的条件の把握ができる人であり、また適応できる技術のメニューをもっている人でなければならない。そして農民の意志をどこまで把握しているかが必要であり、彼らの意志を自立的に導くことができることが必要である。

開発の考え方

現在、開発現場でいわれている「気づき」「エンパワーメント」「持続性」等のキーワードは、社会文化的なアプローチから発せられている言葉である。しかしながら、社会自体が変化して行く中で、真の開発を考えるためには、住民が選択できる方向を与えることであり、その時点における時間的、面的条件を示して選択させることでもある。このために、開発を担当したものはこの条件を示し、彼らに選択させ、行動させることである。先進的地域からの開発の手が入らないとしても、いつかはこの地は変化していくことになる。そこで補助的に彼らに開発の方向性を示すことは、地域の開発の行動を起こすことになり、開発の時間的速度を速めることになる。この開発が住民に受け入れられて進められるためには、現在の時間的、面的条件に合ったものが選択できる条件を提供できたかである。当事者（住民）と外部者が現在の開発条件を認識しているかということは、開発の鍵となる。やみくもに「気づき」「エンパワーメント」「持続性」等を開発目標に掲げても意味がない。これ自体ミクロ的アプローチであり、成果が伴わなければしぼんでしまう。そして住民は開発から逃げていくことになる。この現象は、以前の技術移転時代のアプローチと同じ結果になる。やはり、将来を見据えたマクロの視点での開発を考えるには、発展の時間軸と社会・経済・文化の面としての軸の接点に適した技術やインプットを与える技術移転として、行動を起こさせることである。これにより、持続的な行動が可能となるのである。そのためには開発手法にこだわらず、村人を知ることから始まる開発を行う必要があるという結論に達した。

おわりにあたって

本書の背景とODAによる技術協力の成果

本書は、政府開発援助の技術協力分野における農業技術協力プロジェクトの経験と農村開発についてまとめたものである。したがって、国の開発政策論を語るというよりは、日本の戦後賠償から始まった技術協力援助の理念に基づいて、農業技術者が進めてきた技術協力の活動記録を読み物にしたと理解していただきたい。技術協力分野の活動は、経済グローバル化の流れを受けて、以前に比べ大きく様変わりしている。援助方針、国際協力の流れは援助国（ドナー）の政策者によって左右され、時代時代の手法を取り入れている。これは、彼らが新しい方法、現在流行の方法をやらないと国際的に相手にされない、国際的仲間に入れないという引け目（負い目）をもっている面も多くあるように感じる。とくにグローバル化が進み、情報が迅速化し、増大している現在では、この傾向が強まっているように感じる。この考えからすると、日本では相変わらず、追いつけ追い越せの精神で国際協力が進められているように感じられる。やはり本来、国際協力はどうであるべきか、ここでは技術協力とさせていただきたいが、理念を構築した上での技術協力の行動が必要ではないかと考える。むろん、政府の国際協力政策理念や国際協力白書、国際協力機構（ＪＩＣＡ）報告書、旧国際協力銀行（ＪＢＩＣ）報告書等には「理念」「目的」等が記されているが、なんとなく玉虫色で幅広く、どのようにも解釈でき、当たり触りのないものとなっている。

日本におけるＯＤＡ実施の機関は時代とともに統廃合を繰り返しながら、組織が変化してきた。２００８年10月１日に大きく改組されて、有償資金協力、無償資金協力、技術協力が統一されて国際協力機構（ＪＩＣＡ）で行われることになった。ただし、予算的には政府開発援助費がすべて国際協力機構だけにまとめられているわけではなく、13省庁が独自に技術協力に関する予算をもっている。このようにＯＤＡ予算は複雑な配分形態をもっており、さらには委託事業として実施される部分が多くなっている。このために本来の技術協力の姿が見えにくくなってきているともいえよう。そこで本書は、実施された技術協力のプロジェクトを具体例として取り上げ、このインパクトから技術協力の姿を見ることにした。経済協力機構（ＯＥＣＤ）の開発援助委員会（ＤＡＣ）の中でも日本式協力として評価されたこともあるプロジェクト方式技術協力は、途上国の開発現場で成果を上げており、この手法で実施したプロジェクトでもある。

本書によせて

「村人が技術を受け入れるとき」と題した本書では、技術移転として、農業技術が農民に移転されるのかという課題に含まれる多くの現象について考えてみた。

筆者は政府開発援助の仕事を通じて、農業技術について、日本、アジア、アフリカ、中南米で開発途上国の農民や政府の技術者に移転する仕事に携わってきた。１９６９年に大学の農学部を卒業すると同時に、当時の海外技術協力事業団に入団し、開発途上国の農業技術者の研修を行っていた茨城県内原町（現水戸市）にあった、内原国際農業研修会館（現筑波国際センター）で、海外農業技術者研修コースの担当として技術移転を行う仕事に就いた。これがきっかけで、以降、熱帯地域の農業・農村開発に携わることになったのである。７年間、おもに野菜生産採種に関するコースに携わり、日本と開発途上国の農業技術協力の現場レベルの仕事をした。この後、開発途上国の農業農村開発の現場で農業技術移転に携わった。1982年にネパールの農業開発専門家として2年間、チトワン県の農業開発を行った。そのあと、インドのデカン高原の中心にあるハイデアラバードにある国際熱帯作物研究所（ICRISAT）に2年間、客員研究員として所属し、デカン高原の北部地域で技術実証試験（on-farm research）を農民レベルで行った。そして、1991年にインドネシアの南東スラウェシ州農業・農村総合開発計画プロジェクトで、農民組織強化の専門家として3年間、技術移転に携わった。また、本部に在職しているときには開発調査を担当し、農業開発協力プロジェクトの計画、運営、評価に携わり、当時の中心課題であった技術移転を有効に効率的に行うにはどうしたらよいかを念頭に技術協力を考えた。これらの開発途上国での経験をもとに、農業技術協力が政府開発援助（ODA）の一環として行われた現状を技術移転の視点から分析してみることにした。

1990年代に入り、技術協力は、単に援助国に与えるというものでなく、被援助国が自立してやっていける力をつけさせるものでなくてはいけないという方針に移行した。いわゆるアマルティア・センのいう「彼らに何をしてあげられるか」ではなく「彼らは何ができるようになったか」でなくてはいけないと。つまり、開発途上国の自立的発展を念頭に、人々がエンパワーできる援助でなければならないという方向である。この技術移転の考え方や手法に移行した時期に、筆者はインドネシアのプロジェクトに携わったのである。政策により技術協力の手法は変わっても、現場における成果は、農民が技術を取り入れたかである。技術を取り入れたということは、時代の大きな社会経済的変容がない限り、農民によって技術が継承されることであり、プロジェクト終了後も継続して受け継がれていることである。また、技術移転ができなかった場合においては、その要因を分析し、新たな手法や条件を整えなければならないのである。したがって、技術協力に携わったものとして、技術移転の考え方について、何ら政策、手法の変更によって否定する必要はないと考える。技術協力の成果は、農民が技術をプロジェクト終了後も使用できればよいのであり、これが技術移転がなされたことである。この技術移転の中には、農民が技術を彼ら自身で使っていくということが含まれているのであり、農民がエンパワーされたと考えてもおかしくはない。本書は「村人が技術を受け入れるとき」と題しているが、技術協力で農業技術移転を行う場合にどのように考え、どのように行ったらよいかを、プロジェクトの経験から考えようとするものである。したがって、ここでの考え方、手法は帰納法的なものので、現場で考えてきたものであり、1人の農学者が農業技術開発を行う場合、どこまでやれるかの事例でもある。

本書を取りまとめるにあたって、２００８年〜２０１０年の３年間、科学研究費補助金基盤研究⒀海外学術調査「サゴヤシ利用の伝統的農村が水稲栽培農村として持続できる農村変容要因」を得る機会をもったことは幸運であったことも追記したい。

本書では、インドネシアのこれから近代化が図られるであろう地方の事例を中心に取り上げたが、農村開発はまだ進んでおり、筆者はさらに村の発展を見据えた新しい農村について調査を進めている。次回この報告ができれば幸いである。

謝辞

本書の執筆にあたっては多くの人の協力を得ていますが、とりわけ２名の方には大変お世話になりました。まず、名古屋大学大学院国際開発研究科の同僚であった西川芳昭教授です。本シリーズの編集責任者でもあり、すでにメンバーのほとんどが書き上げている中で、粘り強く待っていただき、執筆の目的についてアドバイスをいただきました。また創成社の西田徹氏にも辛抱強く待っていただき、出版までこぎ着けられ、感謝しています。

ＪＩＣＡ、名古屋大学、琉球大学と移ってきた中で、本書で対象となっている課題にずっと取り組んで来られたことは幸せであったと思っています。これも多くの人との出会いの結果であろうと思っています。技術協力で得たのと同様に、よき友をもつことの大切さと、よき家庭をもつ大切さを改めて感じています。お世話になった方々へ感謝。

平成24年3月　南の島、琉球にて

主要参考文献

はじめに

平井愼介（1989）『技術移転考―技術は移転するか』国際協力出版会。

小林達也（1983）『続・技術移転』文眞堂。

ロバート・チャンバース（2000）『参加型開発と国際協力―変わるのは私たち』野田、白鳥監訳、明石書店。

第1章

ピーター・ベルウッド（2008）『農耕起源の人類史』長田、佐藤監訳、京都大学学術出版会。

中尾佐助（1966）『栽培植物と農耕の起源』岩波書店。

西村美彦（2011）『熱帯の産業構造と食料、エネルギーの役割』熱帯農業研究国際シンポジウム要旨、日本熱帯農業学会。

第2章

井上　真（1991）『熱帯雨林の生活―ボルネオの焼畑民とともに』筑地書館。

佐々木高明（1989）『東・南アジア農耕論―焼畑と稲作』弘文堂。

渡部忠世（1995）『農業を考える時代―生活と生産の文化を探る』農山漁村文化協会。

西村美彦（２０１１）『沖縄における農村開発から観たグリーンツーリズム』観光科学、３―30―40。

西村美彦（１９９４）『インドネシア農業・農民組織調査報告―南東スラウェシ州農業・農村総合開発計画、州外調査』国際協力事業団。

西村美彦（１９８６）『半乾燥地農業開発における技術移転と問題点（国際半乾燥地熱帯作物研究所での研究一事例）』国際協力事業団。

田中正武（１９７５）『栽培植物の起源』日本放送出版協会。

第３章

D・G・グッリグ（１９７７）『世界農業の形成過程』飯沼、山内、宇佐美共訳、大明堂。

岩片磯雄（１９８３）『西欧古典農業研究』養賢堂。

飯沼二郎（１９８５）『農業革命の研究―近代農学の成立と破綻』農山漁村文化協会。

飯沼二郎（１９７５）『日本農業の再発見―歴史と風土から』日本放送出版協会。

権藤幸憲（１９９４）「アメリカの穀物流通とシカゴ市場」『経済論研究』、第99号、21―35。

Shephard Anrew（1998）『Sustainable Rural Development』Macmillan Press Ltd. 249p.

第４章

西垣　昭・下村恭民・辻　一人（２００３）『開発援助の経済学』有斐閣。
海外技術協力事業団（１９６３）『日・カ経済技術協力協定に基づく農業技術センター建設のための準備事業に関する報告書』。

中田正一（１９９０）『国際協力の新しい風』岩波新書、岩波書店。

国連開発計画（１９９４）『人的開発と持続的農業―１９９０年代とそれ以降の農業開発協力』国際農林業協力協会、47ページ。

翻訳原本（UNDP Guidebook "Human development and sustainable agriculture, Agricultural development cooperation in the 1990s and beyond"）

国連開発計画（２００３）『人間開発報告書「ミレニアム開発目標（ＭＤＧｓ）達成に向けて」』国際協力出版会。

西村美彦（２００７）『研修員受け入れ事業が日本国内に与えたインパクトに関する調査―名古屋・中部地区における調査から』日本国際協力センター、１５０ページ。

西村美彦（２００６）『食料増産のための技術的課題と国際協力』国際開発研究、第15巻第2号、35―50ページ。

第5章

西村美彦（２００９）『熱帯アジアにおける作付体系技術』筑波書房。

西村美彦（２００５）『インドネシア南東スラウェシ州農業農村総合開発計画長期専門家総合報告書I、農民組織強化分野』国際協力事業団。

西村美彦（１９９５）『インドネシア、南東スラウェシ州の農村と農業、第1報農村の現状と食生活』SAGO PALM 3―55―61。

西村美彦（１９９５）『インドネシア、南東スラウェシ州の農村と農業、第2報作物栽培の現状とリゴヤシ利用』SAGO PALM 3―62―71。

西村美彦（１９９４）『インドネシア農業・農民組織調査報告書、南東スラウェシ州農業・農村総合開発計画・州外調査』国際協力事業団。

国際協力事業団（1997）『インドネシア国南東スラウェシ州農業・農村開発計画にかかる事例研究』。

古賀康正（1979）『農村社会発展と技術、インドネシアにおけるコメ収穫後処理過程をめぐって』アジア経済研究所。

農用地整備公団（1990）『平成元年度海外農業開発調査事業海外村づくり基礎調査報告インドネシア共和国』農用地整備公団、287ページ。

萱野信義（1992）『農民参加型の新しいタイプの技術協力―プロジェクトの紹介』農業土木学会、60（3）、207―212ページ。

本岡　武（1975）『インドネシアの米』東南アジア研究叢書10、創文社。

第6章

中尾佐助（1966）『栽培植物と農耕の起源』岩波書店。

佐々木高明（1989）『東・南アジア農耕論―焼畑と稲作』弘文堂。

高谷好一（2000）『コメをどう捉えるか』NHKブックス602、日本放送協会。

西村美彦（2010）『デンプン抽出と製造―伝統的抽出方法、「サゴヤシ―21世紀の資源植物」』サゴヤシ学会編、京都大学学術出版会、237―242ページ。

西村美彦（2008）『サゴヤシの澱粉抽出方法の地域的相違の研究』熱帯農業研究　1Ext（2）、29―30ページ。

第7章

Abuduruf, T. (1989), Kedudaya Tolaki, Seri Etografi Indonesia No.3, Balai Pustaka, p.424.（和名、トラキ族、インドネシア民族誌学シリーズ　No.３）

第8章

Nishimura Yoshihiko (2009), Learning Sustainability of Agricultural and Rural Development from a Project in Indonesia, JICRCAS international Symposium 2009, proceedings, pp.112-125.

第9章

西村美彦（２００９）『農業・農村開発と技術開発・技術移転、国際開発学入門』勁草書房、３３４―３４３ページ。

第10章

速水佑次郎（１９９５）『開発経済学』創文社。

西村美彦（２０１１）『サゴヤシ利用の伝統的農村が水稲栽培農村として持続できる農村変容要因』基盤研究(B)　科学研究費補助金研究成果報告書。

《著者紹介》

西村美彦（にしむら・よしひこ）

1946年　群馬県生まれ。
1969年　東京農工大学農学部卒業。
1997年　筑波大学で博士号（農学）取得。

1969年から海外技術協力事業団，現国際協力機構（JICA）勤務。この間，ネパール農業専門家（2年），国際半乾燥熱帯作物研究所（ICRISAT）研究員（2年），インドネシア農業専門家（3年）で赴任。1997年に名古屋大学大学院国際開発研究科教授として農村・地域開発を専門として研究教育に従事。2010年から琉球大学観光産業科学部教授として農村・島嶼観光開発を担当し，学部，大学院で教鞭をとる。専門分野は農業・農村開発，熱帯作付体系，プロジェクトマネージメント。

著書 単著『熱帯アジアにおける作付体系技術』筑波書房，2009年。
分担執筆　「戦後のアジアの農業開発政策の変遷」，『国際開発学入門』勁草書房，2009年。
「デンプンの抽出と製造：伝統的抽出方法」，『サゴヤシ』京都大学学術出版会，2010年。
「サゴヤシ利用の変遷と多様性の管理」，『生物多様性を育む食と農』コモンズ，2012年。
「観光開発から沖縄をみる」，『普遍への牽引力』沖縄タイムス社，2012年。他

（検印省略）

2012年9月20日　初版発行　　略称－村人技術

村人が技術を受け入れるとき
―伝統的農業から水稲栽培農業への発展―

著　者　西村美彦
発行者　塚田尚寛

発行所　東京都文京区春日2－13－1　株式会社 創成社

電　話 03（3868）3867　F A X 03（5802）6802
出版部 03（3868）3857　F A X 03（5802）6801
http://www.books-sosei.com　振　替 00150-9-191261

定価はカバーに表示してあります。

ISBN978-4-7944-5047-0 C0236
Printed in Japan
組版：でーた工房　印刷：平河工業社
製本：宮製本所
落丁・乱丁本はお取り替えいたします。

創成社新書・国際協力シリーズ刊行にあたって

グローバリゼーションが急速に進む中で、日本をはじめとする多くの先進国において、市民が国内情勢の変化に伴って内向きの思考・行動に傾く状況が起こっている。地球規模の環境問題や貧困とテロの問題などグローバルな課題を一つ一つ解決しなければ私たち人類の未来がないことはわかっていながら、一人ひとりの私たちにとってなにをすればいいか考えることは容易ではない。情報化社会とは言われているが、わが国では、世界で、とくに開発途上国で実際に何が起こっているのか、どのような取り組みがなされているのかについて知る機会も情報も少ないままである。

私たち「国際協力シリーズ」の筆者たちはこのような背景を共有の理解とし、このシリーズを企画した。すでに多くの類書がある中で、私たちのシリーズは、著者たちが国際協力の実務と研究の両方を経験しており、現場の生の様子をお伝えするとともに、それらの事象を客観的に説明することにも心がけていることに特色がある。シリーズに収められた一冊一冊は国際協力の多様な側面を、その地域別特色、協力の手法、課題などからひとつをとりあげて話題を提供している。また、国際協力を、決して、私たちから遠い国に住む人々のためだけの利他的活動だとは理解せずに、国際協力が著者自身を含めた日本の市民にとって大きな意味を持つことを、個人史の紹介を含めて執筆者たちと読者との共有を目指している。

本書を手にとって下さったかたがたが、本シリーズとの出会いをきっかけに、国内外における国際協力や地域における生活の質の向上につながる活動に参加したり、さらに専門的な学びに導かれたりすれば筆者たちにとって望外の喜びである。

国際協力シリーズ執筆者を代表して
西川芳昭